本書を発行するにあたって，内容に誤りのないようできる限りの注意を払いましたが，本書の内容を適用した結果生じたこと，また，適用できなかった結果について，著者，出版社とも一切の責任を負いませんのでご了承ください．

本書は，「著作権法」によって，著作権等の権利が保護されている著作物です．本書の複製権・翻訳権・上映権・譲渡権・公衆送信権（送信可能化権を含む）は著作権者が保有しています．本書の全部または一部につき，無断で転載，複写複製，電子的装置への入力等をされると，著作権等の権利侵害となる場合があります．また，代行業者等の第三者によるスキャンやデジタル化は，たとえ個人や家庭内での利用であっても著作権法上認められておりませんので，ご注意ください．

本書の無断複写は，著作権法上の制限事項を除き，禁じられています．本書の複写複製を希望される場合は，そのつど事前に下記へ連絡して許諾を得てください．

出版者著作権管理機構
（電話 03-5244-5088，FAX 03-5244-5089，e-mail：info@jcopy.or.jp）

JCOPY ＜出版者著作権管理機構 委託出版物＞

はじめに

　現在、3次元CADは多くの企業で利用され、その利用分野も広範囲になっています。また、大学・専門学校・高校などの教育機関でも基礎教育から実践教育までさまざまに実施されるようになってきています。

　本書では、日本をはじめ世界中で数多くの企業・教育機関で利用されている3次元CAD「SOLIDWORKS（ソリッドワークス）」について、これから機械設計をはじめる方、3次元CADの操作を知りたい方を対象とした入門書です。企業や教育機関などの講師をする中で培ったノウハウを元に、3次元モデリングでのポイントや実際のものづくりを考慮した使い方を、初心者にもわかりやすく伝わるように執筆しました。

　SOLIDWORKSの基本操作の説明からはじまり、部品のモデリング、アセンブリのモデリングなどを全体のイメージ把握や手順に沿った操作ができるように記述しています。また、操作の説明では、より理解が深まるように、注意点や一緒に覚えて欲しい項目をポイントやコラムとして併記しています。

　ものづくりにおいては、実際の製作（加工）ができなければ意味がありません。本書でモデリングした3次元CADデータは、3Dプリンターや加工機で実際に製作しており、目次や扉などでも実際の画像を紹介しておりますので参考にしてください。

　本書はあくまでも入門書ですので、ものづくりの現場においては"はじめの1歩"というレベルですが、本書の内容を元に機械設計の概略、SOLIDWORKSのモデリング操作を身につけて、実際のものづくりに役立てていただければ幸いです。

　最後に、本書を執筆するにあたり、企業の方々、学校の先生方、学生など多くの方々のご協力・ご指導を頂き心より感謝を申し上げます。また、出版にご尽力を頂いた株式会社オーム社の方々にも深く感謝を申し上げます。

2016年9月
木村　昇

本書の読み方

操作説明の記述について

本書の操作説明において、わりやすくするため以下の統一した表現で記述しています。

選択	メニューやコマンド、デザインツリー、タスクパネルなどを選ぶときやエッジや面を選ぶときの表現
指定	デザインツリーやプロパティマネージャーのパラメータなどを指定するときの表現
入力	スケッチなどのキーボード入力や寸法入力のときの表現
作成	フィーチャーを作るときの表現
クリック	フィーチャー、面、エッジなどを、マウス操作で指定するときの表現
ダブルクリック	マウスの左ボタンでの2度連続したクリックするときの表現
右クリック	デザインツリー、ショートカットメニュー、ショートカットキーの指定のときの表現
ドラッグ	マウスの左ボタンやマウスの中ボタンを押し続けた状態で操作するときの表現
チェック	レ点やトルグボタンを指定するときの表現
＋	「Ctrl キーと文字キー」など、2つ以上選択するキーボード操作のときの表現

※上記以外は、操作内容により、類似表現や代替表現で記述しています。また、複数コマンドの説明や連続した操作の場合は、簡略した表現で記述している例外の場合もあります。

● 本書内のコマンド記述は、メニューバーから指定した場合を想定しています。

コマンド記述の例）

コマンド	[ツール]→[スケッチツール]→[トリム]

● 単位系は、ミリ系（MMGS）で記述しています。
● 本書内では、一部省略した表現を利用しています。

省略の例）
・FeatureManager デザインツリー → デザインツリー
・PropertyManager → パネル

操作説明の記述1 ― 部品モデル ―

【コマンドの表記】
実行するコマンドをアイコンと名称で記述しています。背景色もスケッチやフィーチャーの種類により色分けしてあります。

【フィーチャーのパラメータ】
フィーチャー操作でデザインツリーに表示されるパネルになります。選択やパラメータ入力などがわかります。
パネルは編集操作時に表示されるもので、作成時とは多少異なる場合がありますので注意してください（パネル表示の詳細はviiページの例を参照してください）。

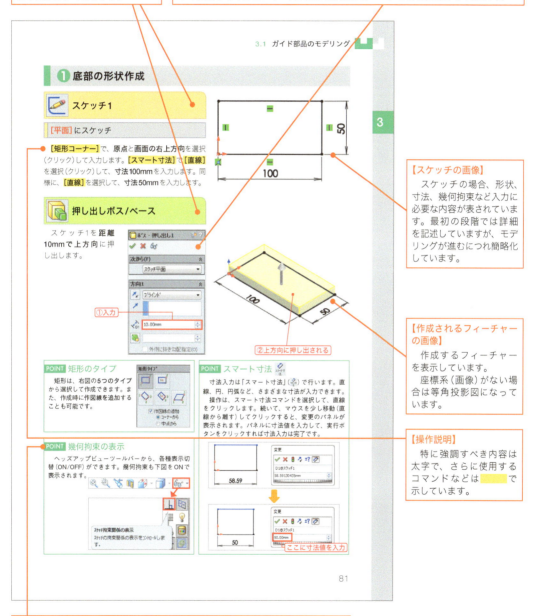

【スケッチの画像】
スケッチの場合、形状、寸法、幾何拘束など入力に必要な内容が表されています。最初の段階では詳細を記述していますが、モデリングが進むにつれ簡略化しています。

【作成されるフィーチャーの画像】
作成するフィーチャーを表示しています。
座標系（画像）がない場合は等角投影図になっています。

【操作説明】
特に強調すべき内容は太字で、さらに使用するコマンドなどは　　　で示しています。

【ポイントを記載】
モデリングを行うときに覚えておくと便利な機能などポイントとして記述しました。特に「Chapter.3　部品のモデリング」に多く記述してありますので参考にしてください。

操作説明の記述2　― アセンブリの合致 ―

【合致一覧】
　部品に対する合致一覧で、赤枠部分がこのページで付与する合致になります。
　なお、このパネルは合致入力後にデザインツリーの右クリックで合致参照から表示できます。

【合致の説明】
　合致する箇所を記述しています。

【選択する画像】
　作成するフィーチャーを表示しています。
　座標系（画像）がない場合は等角投影図になっています。

【合致の名称】
　入力する合致の名称になります。特に表記がない場合は、標準合致になります。詳細指定合致・機械的な合致の場合は、別途明記してあります。

【合致後の画像】
　合致操作後の画面です。ただし、入力後に編集したときの画面ですので、入力のときと異なる場合があります。

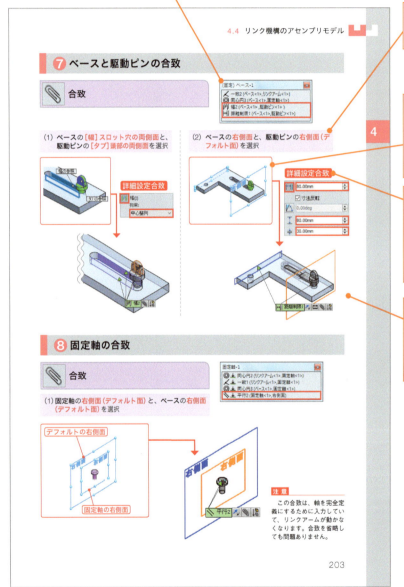

【その他の説明に関して】
　アセンブリの合致は上記とは異なる表現をしているページもあります。例えば、合致説明の最初の章である4.1節などでは、理解を容易にするため入力したときのパネルも併せて掲載してあります。

パネル、及びパラメータの指定について

コマンドにより、**作成操作パネル**と**編集操作パネル**が異なる場合があります。また、SOLIDWORKSのバージョンによっても異なる場合があります。

本書では、編集操作のときのパネルを利用しています。また、操作に必要のない部分は省略している場合があります。クリックによる選択もしくは数値などの入力が必要なパラメータは赤枠で強調しています。

以下に作成と編集のパネルの違いをフィレットフィーチャーの例で紹介します。

▼作成操作のパネル

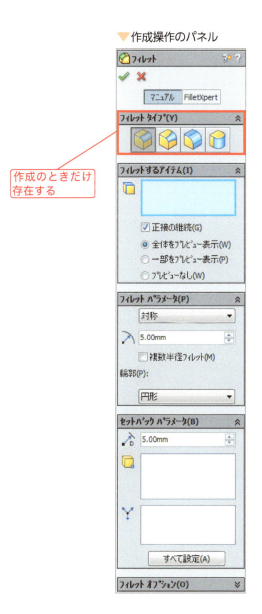

作成のときだけ存在する

▼編集操作のパネル（本書で利用）

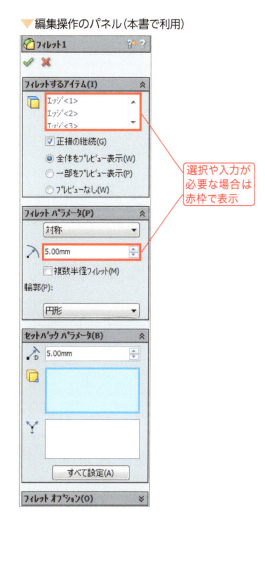

選択や入力が必要な場合は赤枠で表示

vii

SOLIDWORKSのバージョンについて（2015/2016の比較）

本書で解説しているSOLIDWORKSは、主に以下のバージョンを利用しています。

　　モデル作成　　　　　→　SOLIDWORKS2015
　　新バージョンの紹介　→　SOLIDWORKS2016

　本書で解説しているSOLIDWORKSの操作や機能は、基本的なものが中心ですので、2014、2015、2016（また、それ以降のバージョン）いずれも読み進めることができます。ただし、バージョンやサービスパックの適用状況によっては、画面やアイコン、操作内容などが異なる場合があります。また、旧バージョンで作成したデータは、機能の違いなどにより、同じ操作ができない場合や、表示色が異なる場合などがあります。

　最新版（2016年9月現在）のSOLIDWORKS 2016では、さまざまな機能追加・改良などが行われ、ユーザーインターフェースも再設計されました。SOLIDOWRKS 2016をお使いの方は本書を読み進める前に、アイコンなど画面上のイメージ違いを把握しておいてください。以下に、幾つかのユーザーインターフェースの画面を紹介しますので参考にしてください。

起動アイコンの比較

▼SOLIDWORKS 2015　　　　▼SOLIDWORKS 2016

新規ドキュメント選択パネルの比較

▼SOLIDWORKS 2015　　　　　　　　　　　▼SOLIDWORKS 2016

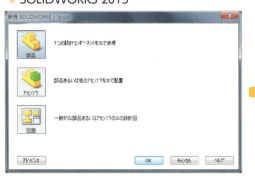 

画面イメージの比較

▼SOLIDWORKS 2015

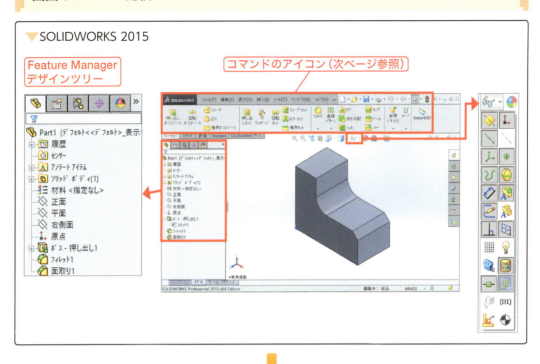

▼SOLIDWORKS 2016

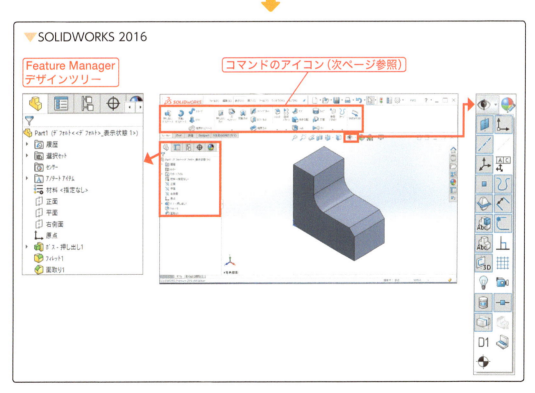

アイコンの比較

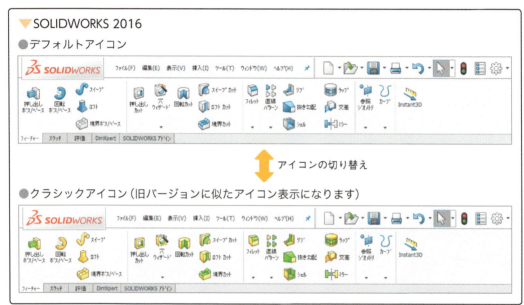

アイコンは、[オプション]の《システムオプション》タブのアイコンの色で切り替えができます。

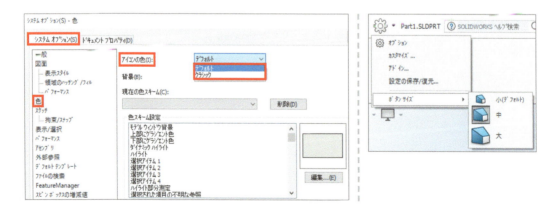

トライアド表示の比較

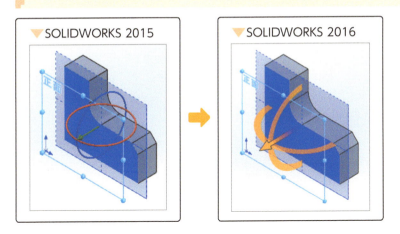

フィーチャーのパラメータ指定パネル表示の比較

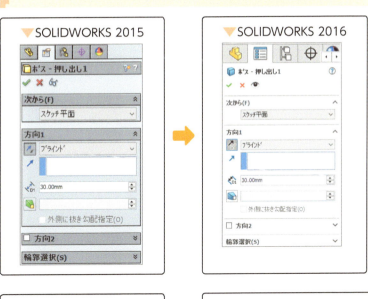

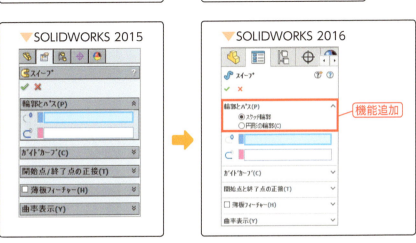

Contents 目次

はじめに iii
本書の読み方 iv
SOLIDWORKSのバージョンについて（2015/2016の比較） viii

Chapter. 1
CADによる設計で必要な知識 1

1.1 3次元CADとものづくりの流れ 2
1.2 3次元CAD利用に必要な知識・技術 4
1.3 3次元CADでできること 6

Chapter. 2
SOLIDWORKSの基本操作 15

2.1 起動・終了操作とモデリングの流れ 16
2.2 スケッチ操作 26
2.3 フィーチャー操作 46
2.4 アセンブリ操作 68
2.5 図面作成操作 73
2.6 操作エラーの表示 77

Chapter. 3
部品のモデリング   79

- 3.1 ガイド部品のモデリング 80
- 3.2 固定部品のモデリング 90
- 3.3 軽量カップのモデリング 96
- 3.4 パイプフックのモデリング 107
- 3.5 せっけん台のモデリング 112
- 3.6 ミニボトルのモデリング 120

Chapter. 4
アセンブリのモデリング   133

- 4.1 ケースのアセンブリモデル 134
- 4.2 軸受のアセンブリモデル 156
- 4.3 スライド機構のアセンブリモデル 179
- 4.4 リンク機構のアセンブリモデル 190

Chapter. 5
サブアセンブリを利用したモデリング   205

- introduction 回転機構のアセンブリモデル 206
- 5.1 ギヤ1(小ギヤ)のモデリング 209
- 5.2 ギヤ2(大ギヤ)のモデリング 214
- 5.3 ベースユニットのサブアセンブリ 215
- 5.4 ハンドルユニットのサブアセンブリ 232

5.5	羽根ユニットのサブアセンブリ	244
5.6	ガード（カバー）のモデリング	264
5.7	回転機構全体のアセンブリ（合致）、及び検証	271

Chapter. 6
加工を考慮したモデリング 279

6.1	ヒンジ（蝶番）のモデリング	280
6.2	板金カバーのモデリング	293

索引　303

- SOLIDWORKS は、Dassault Systèmes SOLIDWORKS Corp. の登録商標です。また、それ以外に記載されている会社名ならびに製品名も各社の商標あるいは登録商標です。
  ©2015 Dassault Systèmes. All rights reserved.
  ©2016 Dassault Systèmes. All rights reserved.
- Windows は、Microsoft 社の商標登録です。
- その他、本テキストに記載されている製品名、システム名、ソフトウェア名、会社名などは一般の各組織の商標または登録商標です。
- 本文中で、™ 及び ® マークは省略しています。

Chapter. 1
CADによる設計で必要な知識

Contents
1.1 3次元CADとものづくりの流れ P.2
1.2 3次元CAD利用に必要な知識・技術 P.4
1.3 3次元CADでできること P.6

Chapter.1　CADによる設計で必要な知識

1.1　3次元CADとものづくりの流れ

　設計に必要な知識はさまざまな項目がありますが、この節では、ものづくりの流れとCADの関係について説明します。

● ものづくりの流れとCAD

　一般的な製品の開発工程では、下図に示すように商品企画から始まり、製造や保守までのプロセス（工程）まで、CADは幅広く利用されてます。実際には開発期間短縮のために**コンカレントエンジニアリング**により並行で作業を進めて、1つの工程が終わったら次の工程という流れにならないケースもあります。また、仕様変更、改良やさまざまな問題が発生して後戻りにより工程通りに進まないこともあります。また、企業では**フロントローディング**といった品質面などを事前に解析によって検証するような取り組みも行われています。

　開発工程に多少の違いがあっても、現在では、ものづくりの流れを効率的に実現するために、CAD利用が必要になっています。

▼製品の開発工程とCAD利用

　3次元CADは、年々機能が充実され、作業効率も上がっています。また、パソコンの高性能化により動作もスムーズに行えるようになってきました。こうした環境から、2次元CADから3次元CADへ移行するケースも数多くなっています。また、機械だけに留まらず、電気、建築、医療、化学などさまざまな分野で利用されています。ものづくりでは、短納期、高品質、低コストなどが求められますが、すぐに3次元CADなしでは製品開発が難しいという分野も多々あります。

3次元CADデータの共有と活用

　部品、ユニット、装置の設計には多くの部門が関わるため、情報の共有が欠かせません。3次元CADは、製品のライフサイクル全体で各部門が3次元データを共有（PDMによる共有）して利用できます。下図に示すように、設計による3次元モデル作成だけでなく、解析、検証、試作、加工装置へのインターフェース、各種資料やマニュアル・ドキュメントの作成など幅広く利用できます。

　近年では、3Dスキャナーによるモデルデータ取り込み、3Dプリンターによる試作や治具製作、小ロット生産など、3次元データの活用が広がっています。

▼製品ライフサイクル全体でのデータ共有及びデータ活用

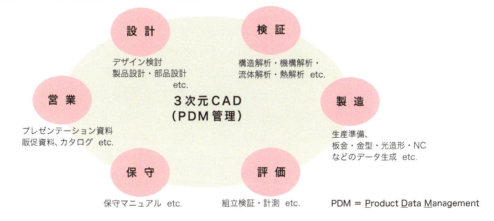

3次元CADの効果

　3次元CADの効果としては、前述の製品ライフサイクル全体への活用によるさまざまな効果があります。以下では、設計作業を3次元CADと2次元CADで作業した場合で比較した、主な項目を挙げてみます。

■ **立体モデルなので形状把握が容易**
　→モデルを回転、移動、拡大などして確認できる、曲面など複雑な場合は効果が大きい
■ **設計変更が容易**
　→モデルと図面がリンクしているため相互の反映が容易である
■ **アレンジ設計へのデータ活用が可能**
　→部品・ユニットなどの引用が容易であり、2次元CADでは図面からの抽出が難しい場合がある
■ **各種解析（構造解析、動作解析など）による検証が可能**
　→2次元CADは立体モデルでの検証ができない
■ **試作・製造データ生成が容易**
　→2次元CADは3Dプリンター用データなどは生成できない

> **注意**
> 2次元CADに機能追加することにより、3次元CADと同等の効果がある場合もあります。

Chapter.1　CADによる設計で必要な知識

1.2 3次元CAD利用に必要な知識・技術

　3次元CADは、2次元CADの「図面」と異なり「立体」を表現できます。また、さまざまな確認・検証、製造用のデータ生成なども可能です。作業にあたっては、各機能を理解し設計段階で有効に活用することが必要です。ここでは、SOLIDWORKSの特徴的な機能を紹介しながら、3次元CADができることや役割を説明します。

● 設計に必要な知識・技術

　本書ではモデリングに関する3次元CADについて解説していますが、実際に設計するには素材などの基礎知識から部品・解析・製造関連など、さまざまな分野の知識や技術が必要になります。さらに、3次元CADを利用するにも知識・技術が必要になります。ごく一部になりますが、下図に3次元CAD利用に必要な知識・技術の項目を示します。

　また、不具合を知る・見ることも、次の設計に活かす意味で重要になります。さらに、良いものづくりを行うためには、チームで設計する場合のコミュニケーションも重要であり、顧客の要望把握や各部門と連携なども重要になります。各企業では、ルールや規約などを作成して最適な設計ができるように情報共有の仕組みとともに構築しています。

▼3次元CAD利用に必要な知識・技術の項目

モデリングの方法

　モデリングの方法の主流は、**ソリッドモデリング**と**サーフェスモデリング**になります。ソリッドモデリングは、中身が詰まったブロックなどの立体形状でモデルを作成します。サーフェスモデリングは、複数の面を作り結合して内部を埋めるか、厚みを付けて立体形状を作成します。一般的にブロック形状を作成するには、操作が比較的容易なソリッドモデリングが適していて、複雑な曲面などある場合はサーフェスモデリングの方が適しています。また、両方のモデリング方法を混在して利用できる3次元CADもあり、ソリッドモデリングをメインとして、一部にサーフェスモデリングを利用するといったこともできます。実際の開発現場では、あらかじめどちらのモデリングで作成するかをルールで決めているところもあります。

▼ソリッドモデリング

ブロックを積み上げ部品を完成させる

▼サーフェスモデリング

面を作成して厚みを付けて部品を完成させる

　SOLIDWORKSは、**フィーチャーベース**のモデリングによる3次元CADです。モデリング操作では、輪郭をスケッチして、押し出しや回転などのフィーチャーと呼ばれる立体化コマンドで大きさ・長さなどを指定して作成します。このように、断面の属性情報などをパラメータで指定及び保有するモデリング（CAD）を**パラメトリックモデリング**（パラメトリックCAD）と言います。

▼スケッチ（輪郭）

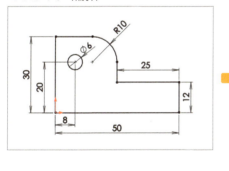

▼フィーチャー（押し出し）

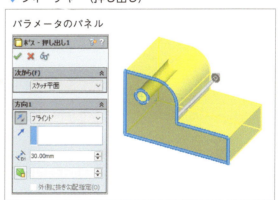

　また、3次元CADは、**ヒストリー系CAD**と**ノンヒストリー系CAD**という分け方もあります。ヒストリー系CADは、操作履歴が残るため作成順序の把握が容易です。フィーチャーの順序を入れ替えたり、抑制（一時的に無効）してモデルに反映しないこともできます。ただし、操作の段階で履歴上位のフィーチャーを変更すると下位のフィーチャーにも影響しますので注意が必要です。ノンヒストリー系CADは、操作履歴がないためダイレクトに形状編集ができますが、作成順序の把握はできません。現在は、両方を利用できる3次元CADもあり部分的な利用もできます。

Chapter.1　CADによる設計で必要な知識

1.3　3次元CADでできること

　まずは、SOLIDWORKSの機能を知ることで3次元CADができることを確認しましょう。すべての機能を紹介することはできませんが、主なものを挙げてみますので参考にしてください。

◉ モデルと図面の相互リンク

　3次元CAD（SOLIDWORKS）では、部品モデルと図面、部品とアセンブリなどが相互にリンクされています。例えば、部品の大きさを変更すると図面に反映され、図面を変更すると部品が変更されます。モデル作成や図面作成時間の短縮に繋がります。

▼部品のモデル　　　　　　　　　　▼部品の図面

形状を変更

寸法を変更

上図の部品モデルを実際に形状変更をして図面へ反映されたイメージは以下のようになります。

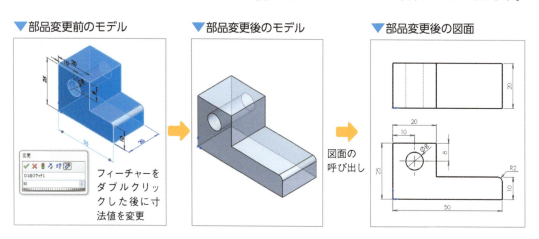

▼部品変更前のモデル　▼部品変更後のモデル　▼部品変更後の図面

フィーチャーをダブルクリックした後に寸法値を変更

図面の呼び出し

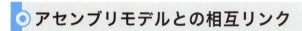

● アセンブリモデルとの相互リンク

　実際の製品は、複数の部品から成り立っているものが多数あります。SOLIDWORKSでは、部品を挿入して結合（合致）させたアセンブリで完成させます。各部品はアセンブリとも相互にリンクされていてその関係は下図のようになります。

　アセンブリ作成の進め方には、トップダウンとボトムアップの2通りがあります。トップダウンは、装置（筐体やユニットなど）に内部の部品や基板などを挿入していく方法です。ボトムアップは、内部の部品やユニットを組み上げてから装置を完成させる方法になります。現実的には、筐体（外形）と内部の部品を試行錯誤しながら決定したり、並行して作業するケースもあります。3次元のモデリングでもこれに準じてアセンブリ作業を進めます。

　下図は、製品の構成を表した**部品表**（**B**ill **O**f **M**aterials）のイメージになります。ここでは、ユニットA、ユニットBはアセンブリモデルであり、サブアセンブリと呼びます。

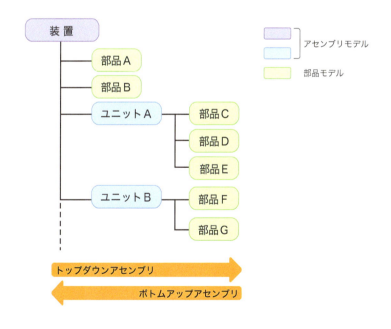

Chapter.1　CADによる設計で必要な知識

　3次元CADは、2次元CADの図面と異なり立体を表現できるため、さまざまな確認・検証や製造用のデータ生成などができます。その機能を理解し設計段階で有効に活用することが必要です。ここでは、SOLIDWORKSの特徴的な機能を紹介しながら3次元CADができることや役割を説明します。

● 外観検証（デザイン検証）

　画面上でモデルのサイズやイメージを確認できるだけでなく、モデルの色・背景などを設定し、レンダリング処理を行うことにより実際の製品イメージを想定した外観検証ができます。テクスチャーとしてモデルに画像を貼り付けることもできます。

　また、サーフェスモデルでは、ゼブラストライプ表示や曲率表示などが可能なため、面の状態（しわやキズなど）や隣接する面の状態を確認できます。

▼イメージ1　　▼イメージ2（スケルトン表示）　　▼ゼブラストライプ表示

 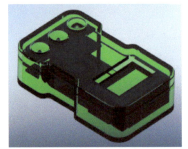 

● 内部の部品取り付け確認

　3次元モデルは立体であることから、アセンブリにより内部部品の取り付け状態の確認ができます。アセンブリ操作では、透明度の変更、部品の非表示や抑制などによる表示・変更により確認できます。

　下図は、部品A（上カバー）と部品B（下カバー）の内部に挿入し、取り付けや組み立てを確認したイメージです。組立順序や部品挿入後の干渉の有無（干渉確認）などを確認できます。

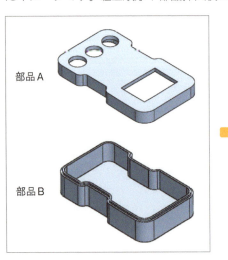 

部品Aと部品Bを統合し、内部の部品を挿入したアセンブリモデル（部品Aは、透明度を変更した状態）

部品の干渉チェック、間隙チェック

　内部部品の取り付け確認には、干渉チェック（干渉確認）や間隙チェック（クリアランス検証）により、その箇所を見つけることができます。干渉確認は、干渉部分の表示だけでなく、接する面（オプションを指定）も確認できます。間隙チェックは、最小の間隙を見つけることができます。アセンブリモデルを作成したときは、必ず実行することをお勧めします。
　下図は、干渉認識コマンド、間隙チェックコマンドを実行した図になります。

▼干渉チェック（干渉認識）

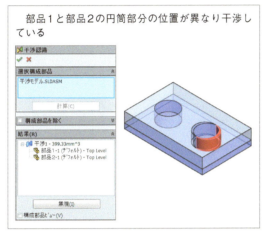

▼間隙チェック（クリアランス検証）

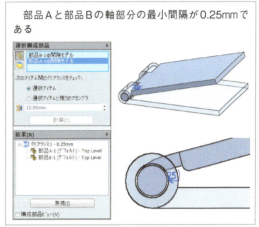

各種測定（距離、重心などでの確認）

　モデル作成の作業途中で、長さ・距離、周囲長、面積などを確認することがあります。また、体積、表面積、重心などを確認したい場合もあります。3次元CADでは、これらの各種測定コマンドが準備されています。

▼距離計測

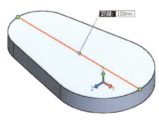

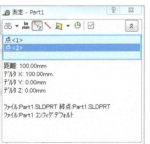

▼面積算出

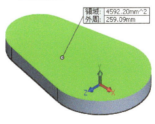

▼質量特性

各種解析（構造解析、流体解析など）

作成したモデルに材料を設定して、構造解析や流れの解析（シミュレーション）ができます。シミュレーション操作は、ウィザードに従って拘束条件（固定面など）や荷重条件を指定することにより実行もできます。結果も数値結果だけでなく、コンター図やベクトル図などでビジュアル表示できます。また、レポート機能として結果をファイル出力することもできます。

▼構造解析

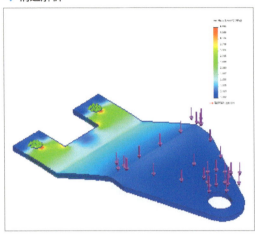

▼流体解析

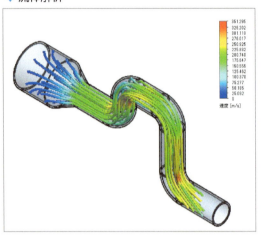

モーション

アセンブリでは動きを伴うモデルがある場合は、モーションスタディで、速さ、動作時間、回数や回転方向などを指定してアニメーションで動きを確認することができます。

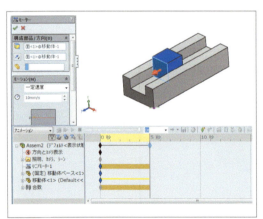
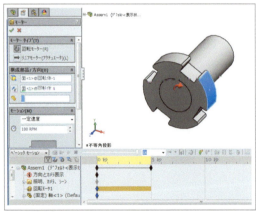

参考　モーション以外にも、スケッチを入力した状態で**キネマティック解析**などが行えます。

1.3 3次元CADでできること

図面作成

部品モデルから図面を作成できます。寸法や幾何公差、断面図、詳細図などにより図面を完成させます。

また、部品を変更すると図面にも反映され、図面の寸法（モデルアイテムの寸法）を変更すると部品モデルにも反映します。アセンブリモデルで部品の図面と同様のコマンドに加え、風船記号（バルーン）などのコマンドで組立指示図を作成できます。

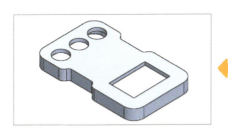
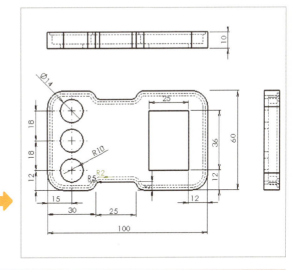

参考 モデルに3D寸法を表示することができます。公差寸法などを入れた状態で製造部門などにインターフェースすることもできます。
また、複数の寸法が累積する影響を解析する公差解析（TolAnalyst）のツールも準備されています。

加工・製造データの生成

3Dモデルを利用して加工・製造用データ出力（データ生成）ができます。ファイルを保存するときにファイルの種類（拡張子）を指定すれば出力できます。

右図は、3Dプリンターなどで利用されるSTLに出力した例です。オプションで粗い／細かい（偏差、角度）などの指定もできます。

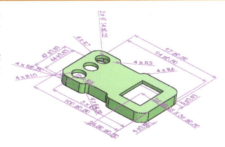
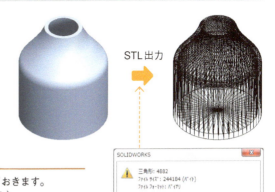

参考 主なインターフェース（I／F）を以下に挙げておきます。
・3DCAD I／F（主要CADのフォーマット）
・2DCAD I／F（DWG、DXFなど）
・標準仕様 I／F（STEP、IGESなど）
・表示データ I／F（eDrawing、VRMLなど）
・画像としてのI／F（JPEG、PNG、PDFなど）
※上記以外にもさまざまなインターフェースが用意されています。保存のときにファイルの種類で確認してください。

Chapter.1　CADによる設計で必要な知識

◉ ビューワー（eDrawing）

　作成したモデルを表示用データに変換できます。表示用のデータはデータサイズが小さいためメールなどにより配布することもできます。SOLIDWORKSで提供されているeDrawingは、モデルを拡大、縮小、回転して表示することはもちろん、計測やコメントの記載などさまざまな操作が可能です。

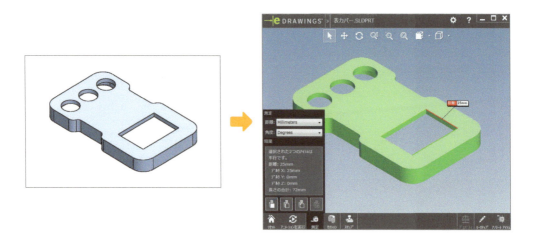

◉ 他CADへのインターフェース

　CADデータは、他のCADでも利用できるようにインターフェースが準備されています。その方法は、**ダイレクトインターフェース**と**中間ファイルによるインターフェース**の2通りになります。ダイレクトインターフェースは、主要なCAD向けに変換できます。中間ファイルによるインターフェースは、**IGES**や**STEP**といった規格に基づいたものです。いずれも完全に互換性があるとは限りませんので、扱いには注意が必要です。

　また、インターフェースする場合は**トレランス**が問題になることがあります。これは、CADデータの精度に関わる問題で端点と端点が一致していると判断されない場合やブロックとブロックの間隔が離れていても同じ位置と判断される場合、曲面の微小なずれといったものになります。

▼ダイレクトインターフェース

▼中間ファイルによるインターフェース

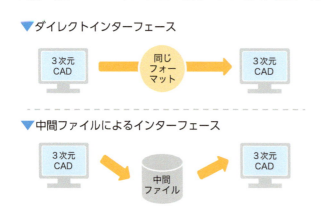

▼トレランス
　下図のように、2つの直線が離れていても許容誤差内であれば結合されていると判断されます。

1.3 3次元CADでできること

機械設計向けのモデリング

　機械設計では、板金・溶接・モールドをモデリングする場合が多くあります。SOLIDWORKSでは、これらを効率的に作業できるようなコマンドが準備されています。下図では、それぞれのイメージ図とコマンドを紹介します。

▼板金

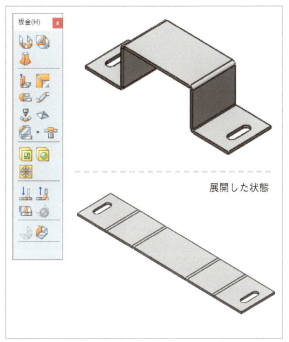

参考　実際に利用するときは以下のようにメニューからコマンド選択できます。

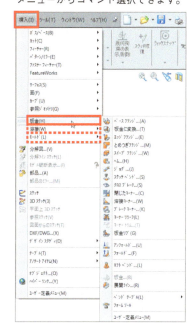

▼溶接

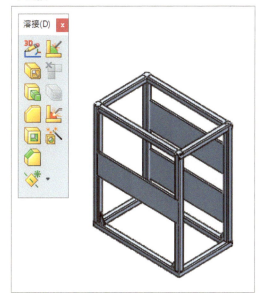

▼モールド

コア

キャビティ

展開した状態

Chapter.1 CADによる設計で必要な知識

その他の主な機能

材料データベースとして各種類ごとに特性値が設定されています。追加登録や編集もでき、実験値などを反映してカスタマイズが可能です。解析(シミュレーション)や設計計算などに活用できます。

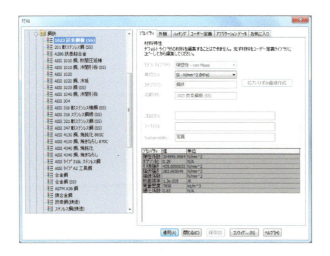

梁計算、軸受け計算、カムの計算、形鋼など各種計算ができます。以下はコマンド起動時のパネルになります。いずれも必要なパラメータを入力して計算します。

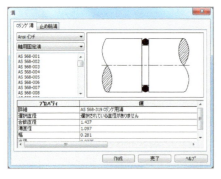

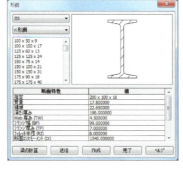

また、SOLIDWORKSには、各種サードベンダーなどによるアドインもしくはインターフェースにより各種計算・解析・検証などの機能が提供されています。これらにより、高度な機能の実現、作業の効率化などが図ることができます。

Chapter. 2
SOLIDWORKSの基本操作

Contents

2.1	起動・終了操作とモデリングの流れ	P.16
2.2	スケッチ操作	P.26
2.3	フィーチャー操作	P.46
2.4	アセンブリ操作	P.68
2.5	図面作成操作	P.73
2.6	操作エラーの表示	P.77

Chapter.2　SOLIDWORKSの基本操作

2.1 起動・終了操作とモデリングの流れ

　ここでは、SOLIDWORKSの起動・終了の方法と、SOLIDWORKSを使用した3次元モデル（モデリングの流れ）や基本的な操作を説明します。

● 起動操作

SOLIDWORKSは、メニューもしくは、デスクトップのアイコンから起動します。

◀ SOLIDWORKSのデスクトップアイコンをダブルクリックして起動（左が2015、右が2016）

● 新規ドキュメントを開く（新規ファイルを開く）

　新規SOLIDWORKSドキュメント画面で、「部品」、「アセンブリ」、「図面」のいずれかをクリックした後、OKボタンをクリックします。

▼新規SOLIDWORKSドキュメント画面

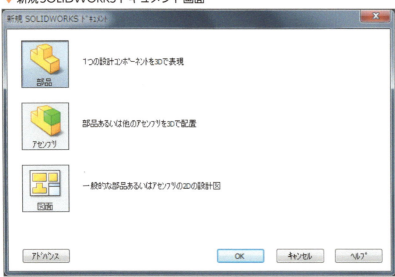

▼デフォルト状態のファイル名とファイル形式（拡張子）

部品	Part1.SLDPRT
アセンブリ	Assem1.SLDASM
図面	Draw1.SLDDRW

16

2.1 起動・終了操作とモデリングの流れ

起動後の画面

「部品」、「アセンブリ」、「図面」それぞれのドキュメントで、起動画面は異なります。ここでは、「部品」を選択後の起動画面を紹介します。起動直後は、等角投影の状態になります。

▼起動直後の画面（「部品」の場合）

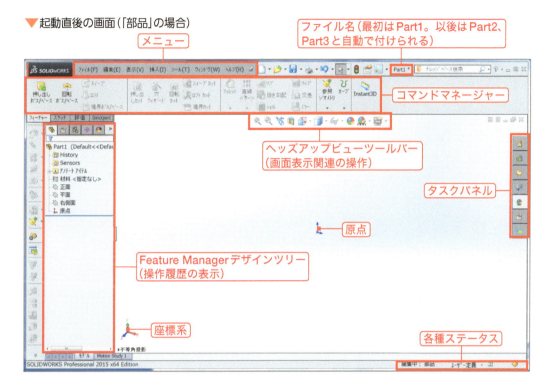

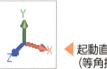

◀ 起動直後の座標系
（等角投影の状態）

参 考 等角投影とは

縦・横・高さの3つの軸が120度で交わって見えるように投影した表示です。

終了操作

SOLIDWORKSの終了操作は、メニューの終了コマンドか、画面右上の「×」をクリックします。

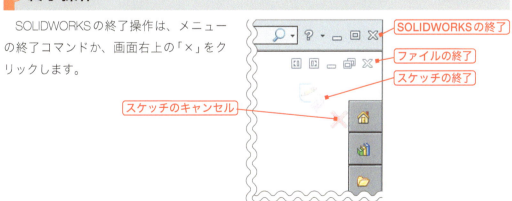

Chapter.2 　SOLIDWORKSの基本操作

● モデル作成の流れ

SOLIDWORKSでは、以下に示す順序でモデリング（立体化）を行います。

1 作業平面の指定

最初に、正面、平面、右側面のいずれかを指定します。以後は、フィーチャーの面でも指定が可能になります。また、任意で作成した平面（参照ジオメトリコマンドで作成）でも作業平面の指定ができます。

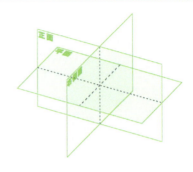

2 スケッチ作成

直線、円弧などのコマンドで2次元の形状を入力します。作成後、寸法や幾何拘束を入力します。

▼ラフスケッチ

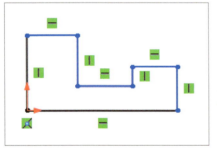

寸法／
幾何拘束の
入力

▼完成したスケッチ（完全定義）

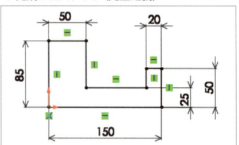

3 フィーチャー作成

スケッチを指定して、フィーチャーにより立体化します。以下、必要に応じて次のフィーチャー作成のため、スケッチから繰り返します。

▼押し出しボス／ベースの例

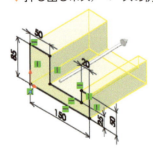

▼編集はデザインツリーの右クリック、もしくは部品クリック後に右クリック（左クリックでも可能）して、赤枠のアイコンをクリック

以後は、上記の3ステップを繰り返すことで、モデルを完成させます。

なお、フィレットや面取り、シェルなどのフィーチャーを加工するコマンドの場合は、作業平面の指定とスケッチの作成は不要です。

寸法の単位設定

寸法の単位は、画面右下の部分をクリックして設定します。幾つかの単位の組み合わせを選択できますが、本書では［MMGS（mm、g、秒）］を選択します。

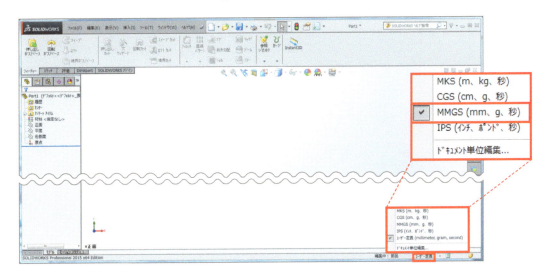

また、メニューのボタンから［**オプション**］をクリックして、表示される画面の《**ドキュメントプロパティ**》タブからも設定できます。

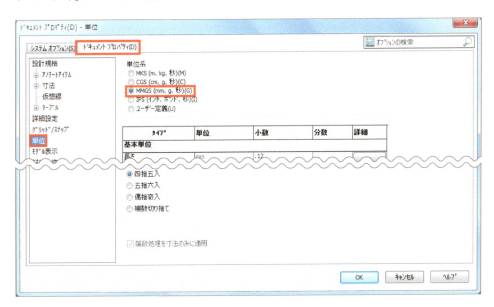

> **参考** メニューから［オプション］をクリック（SOLIDWORKS 2016/2015 の比較）
> ▼2015の場合　▼参考：2016の場合

Chapter.2 SOLIDWORKSの基本操作

環境設定

画面上部のボタンから[**オプション**]をクリックすると、環境設定のための画面が表示されます。ここで、各種の設定を行うことができます。

▼《システムオプション》タブ

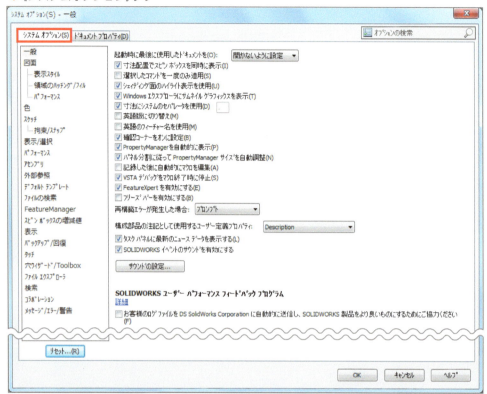

▼《ドキュメントプロパティ》タブ

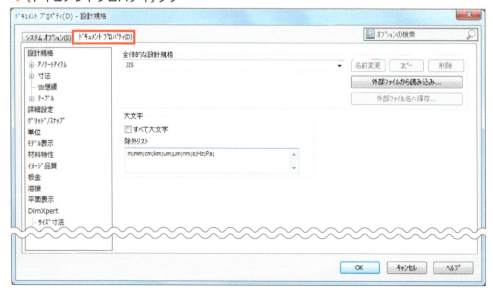

2.1 起動・終了操作とモデリングの流れ

マウス・キーボード操作

画面を操作するうえで、覚えておきたいマウス操作・キーボード操作を紹介します。

▼マウスボタンの機能割り当て

マウスボタン	操作	動作
左ボタン	クリック	・メニューやコンテキストによるコマンドの選択 ・面やエッジの選択 ・モデルの認識 など
	ダブルクリック	・モデルの寸法表示 ・スケッチ修正 ・スケッチ寸法のプロパティ表示 など
	ドラッグ	・エンティティの移動、コピー ・トライアドの操作 など
中ボタン	スクロール	・拡大、縮小 など
	ドラッグ	・回転（⟳） ・移動（✥）など ※移動は、Shift キーを押しながら操作
	Ctrl キー＋ドラッグ	・拡大、縮小 など
右ボタン	クリック	ショートカットメニュー表示 など

▼主なショートカットキー一覧

分類	キー	処理
表示・画面操作	F キー	ウィンドウにフィット
	Z キー	縮小表示
	Shift ＋ Z キー	拡大表示
	矢印キー	回転
	Shift ＋矢印キー	90度回転
	Alt ＋ ← キー	右回り
	Alt ＋ → キー	左回り
	Ctrl ＋矢印キー	移動
	Ctrl ＋ 1 キー	正面表示
	Ctrl ＋ 2 キー	背面表示
	Ctrl ＋ 3 キー	左側面表示
	Ctrl ＋ 4 キー	右側面表示
	Ctrl ＋ 5 キー	平面表示（上面）
	Ctrl ＋ 6 キー	底面表示
	Ctrl ＋ 7 キー	等角投影表示
	Ctrl ＋ 8 キー	選択アイテムに垂直
	スペースキー	表示方向のダイアログ
	R キー	最近使ったドキュメントの検索
	Ctrl ＋ Tab キー	ウィンドウ切り替え
	C キー	ツリーの拡張／収縮
	Shift ＋ C キー	ツリーの全アイテム収縮

分類	キー	処理
編集操作	Delete キー	削除
	Ctrl ＋ X キー	カット
	Ctrl ＋ C キー	コピー
	Ctrl ＋ V キー	ペースト
その他	A キー	コマンドオプションの切り替え
	E キー	エッジのフィルタ
	L キー	直線の入力

Chapter.2 SOLIDWORKSの基本操作

▼コンテキストの例（アイコン選択でコマンドが実行される）

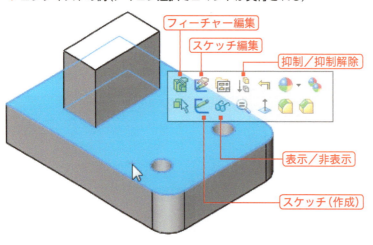

▼ショートカットメニューの例（右クリックで表示）

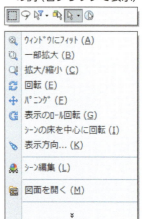

FeatureManagerデザインツリー操作

FeatureManagerデザインツリーには、スケッチやモデル作成時の操作履歴が記述されます。

▼ダブルクリックで形状や寸法の確認
（寸法値のダブルクリックで寸法編集もできる）

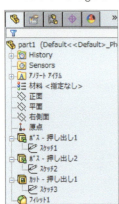

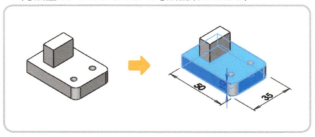

▼ロールバックバーの操作
（フィーチャー単位で操作画面に反映され、作成順序が確認できる）

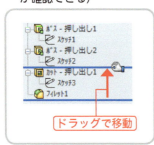

▼右クリックでショートカットメニュー表示

22

画面表示操作

画面表示操作は、ヘッズアップビューツールバーやキーボードから選択できます。以下によく利用する操作を紹介します。

▼ヘッズアップビューツールバー

表示方向

表示したい方向を画面上でクリック、またはアイコンをクリックすることで表示方向を変更できます。

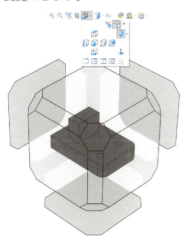

表示スタイル

エッジ表示の有無や隠線表示の切り替えができます。

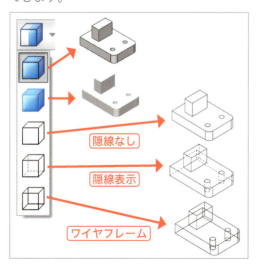

画面表示

モデル全体の表示や、指定領域の拡大ができます。

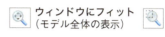 ウィンドウにフィット（モデル全体の表示）　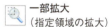 一部拡大（指定領域の拡大）

断面表示

正面、平面、右側面などの断面や角度付きの断面などが、数値入力や矢印かリングのドラックで指定できます。

アイテムの表示/非表示

原点、面、軸、スケッチ、幾何拘束などの表示・非表示を、アイコンクリックで切り替えることができます。

▼2015の場合　▼参考：2016の場合

Chapter.2 SOLIDWORKSの基本操作

色設定・背景シーン適用の操作

モデルには、モデル全体、フィーチャー、面の単位で色をつけることができます。モデルを透明化やテクスチャーの貼り付けなどもできます。また、背景にシーン適用することもできます。以下に幾つかの例を紹介します。

色設定

	面の色付け例	透明度の変更例	テクスチャーの例
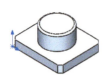			
▼色設定のときのパラメータ指定パネル	デザインツリーのファイル名を右クリックで[外観]を選択後、フィーチャーをクリックして色を設定	デザインツリーのファイル名を右クリックで[外観]を選択後、詳細設定のイルミネーションの透明度で設定	タスクパネルのシーンをドラッグしてモデルへ適用

背景シーンの適用

デザインツリーのファイル名を右クリックで[外観]を選択後、フィーチャーをクリックします。

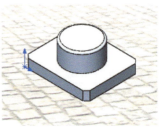

編集操作

フィーチャーやスケッチを編集するには、デザインツリーから編集したいフィーチャーやスケッチをクリック（もしくは右クリック）から、またはモデルのダブルクリックから行うことができます。

デザインツリーから編集

フィーチャー名をクリックして、アイコンのクリックで編集できます。

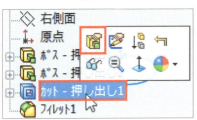

スケッチ名をクリックして編集できます（右クリックでも可）。

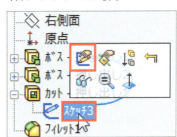

モデルから編集

モデルをダブルクリックして、寸法値を変更することができます。

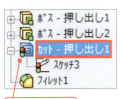

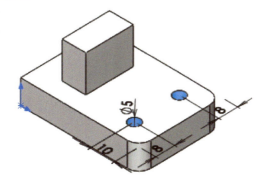

参考　編集の反映（再構築）

デザインツリーに下図のマークが表示したときは、結果が表示に反映されていません。メニューの再構築をクリックしてモデルに反映させます。

トライアド操作による編集・表示

 Instant3Dにより、モデルの寸法値の変更、表示変更などができます。

▼ルーラーをドラッグして押し出し距離を変更

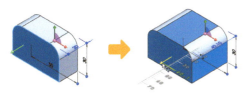

▼リングをドラッグして確認する断面を変更

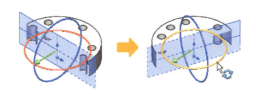

ラピッドスケッチにより、アクティブなスケッチ操作もできます。

Chapter.2 SOLIDWORKSの基本操作

2.2 スケッチ操作

　スケッチは、2次元の投影面に立体化するための形状を作成します。ここでは、スケッチの操作として、形状作成コマンド、寸法入力コマンド、幾何拘束コマンドを説明します。また、スケッチと幾何拘束の演習を掲載していますので、ご利用ください。

● スケッチ操作の流れ

　スケッチは作業平面の選択後、形状（エンティティ）の入力及び寸法や幾何拘束を入力します。スケッチの状態も未定義から完全定義として完成させます。

▼SOLIDWORKSでの作図フロー

| 参考 | スケッチの状態 |

▼未定義のスケッチ
直線や端点が拘束されていない部分（青色）がある

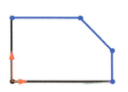

画面下部のステータス

▼完全定義のスケッチ
すべての直線と端点が拘束されている（すべて黒色）

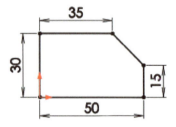

画面下部のステータス

2.2 スケッチ操作

スケッチ操作する前に 覚えておきたいこと

スケッチする平面の選択

デザインツリーの平面（下図は正面）をクリックで選択後に、スケッチアイコンを指定

作成したフィーチャーの面をクリックで選択（右クリックでも可能）

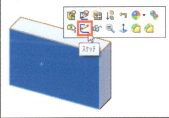

スケッチの修正

デザインツリーのスケッチをクリック後に、スケッチ編集アイコンを指定

スケッチの削除

デザインツリーのスケッチを右クリック後に、削除コマンドを指定して削除パネルのはいボタンをクリック

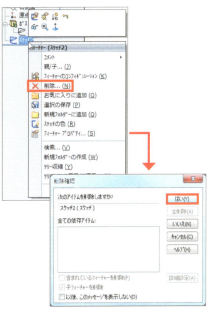

スケッチ平面の修正

変更したいスケッチをクリックして、[スケッチ平面]を選択

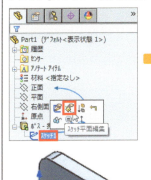

変更したい面を選択（フィーチャー面も選択可能）

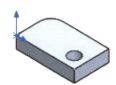

幾何拘束のマーク表示切り替え

ヘッズアップビューツールバーのアイテムの表示／非表示で切り替え

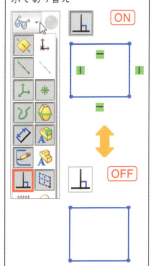

27

Chapter.2 SOLIDWORKS の基本操作

スケッチコマンド

　スケッチコマンドは、2次元の平面に描くコマンドです。形状、寸法、幾何拘束を入力することができます。

　コマンドは以下のパネルが準備されています。メニューから指定するとコマンド以外にも、幾つか準備されています。

▼コマンドマネージャーのスケッチコマンド

▼コマンドツールバーのスケッチコマンド

形状入力コマンド

▼メニューのスケッチエンティティコマンド

　各コマンドの入力は、マウスの左ボタンクリックで行います。コマンド選択すると、マウスのアイコンは入力するコマンドのアイコンに変わります。

　操作するときには、原点・端点・中点などを利用するようにしてください。また、推測線の利用や水平・鉛直などの幾何拘束が指定される位置でクリックすると、作業性が向上します。

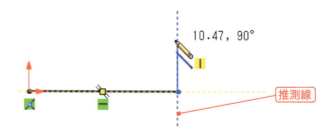

28

2.2 スケッチ操作

▼入力時の基本操作

入力の中止	Esc キー／コマンドアイコンのクリック
連続入力の中止	ダブルクリック
直線と円弧の切り替え	Ctrl + A キー／いったん端点に戻す
エンティティの削除	右クリックで［削除］を選択／エンティティクリック後に Delete キー

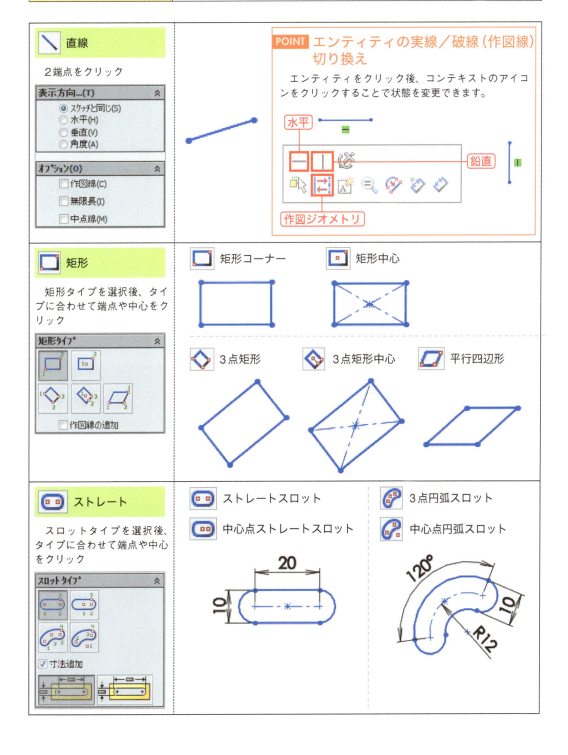

Chapter.2 SOLIDWORKS の基本操作

多角形
側面の数と内接か外接を選択した後、位置と大きさをクリック

内接円（6角形）　外接円（6角形）　外接円（3角形）

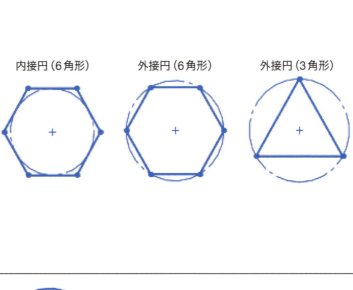

円
円タイプを選択後、位置や大きさをクリック

- 円の中心と円の大きさをクリック
- 円の周囲の3点をクリック

円弧
円弧タイプを選択後、位置や弧の形状をクリック

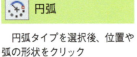

中心点円弧　正接円弧

3点円弧

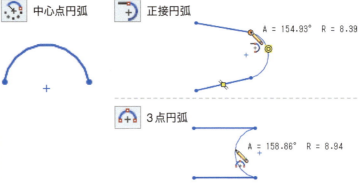

楕円
楕円の中心をクリックして、長径、短径をクリック

POINT 楕円の寸法入力
スマート寸法で、長径・短径の寸法を入れます。右図は、さらに水平の幾何拘束を入力して傾きのない状態にしています。

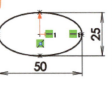

部分楕円弧
楕円弧の中心をクリックして、長径、短径、始点、終点をクリック

放物線　円錐

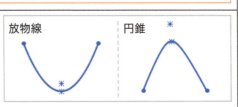

30

2.2 スケッチ操作

スプライン

制御点をクリックして、終了は[Esc]キー。ハンドルを操作することで、形状変更が可能。また、右クリックでスプラインの編集ができる

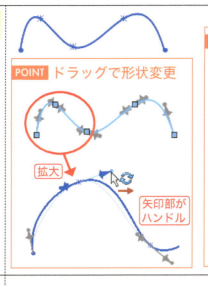

POINT ドラッグで形状変更

拡大

矢印部がハンドル

POINT スプラインの編集コマンド

スプライン選択後、右クリックでコマンド表示します。

点

入力したい位置でクリック

POINT 点の利用例（2直線の交点）

[Ctrl]キーを押しながら、2直線をクリックして点コマンドを選択します。

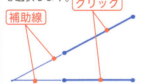

補助線　クリック

POINT 補助線のタイプ

補助線のタイプは、[メニュー]→[オプション]→[寸法]→[補助線]で切り替えられます。

プラス
星
補助線
点
なし

テキスト

テキストを入力して、入力したい位置でクリック

テキストの原点

POINT テキストのフォント選択

ドキュメントフォント使用のチェックを外して、フォント選択を行うことで、フォントや文字の大きさなどが変更できます。

Chapter.2 SOLIDWORKSの基本操作

形状編集コマンド

メニュー：[ツール]→[スケッチツール]　　タブ：《スケッチ》

編集操作する前に 覚えておきたいこと

● **エンティティの選択**
エリアの指定方法によって認識されるエンティティが異なる

全体を選択

すべてのエンティティが認識される（左右どちらのエリアからでも構わない）

左から右方向へエリアを選択

端点まで含まれるエンティティが認識される

右から左方向へエリアを選択

エリアにかかるエンティティが認識される

● **エンティティの削除**
クリックしてから削除できるほか、エリア指定でも削除できる

・エンティティをクリックして Delete キー

・エンティティをクリックして、右クリック後に削除コマンド

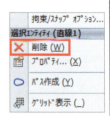

注意

端点をクリックしても削除できません。

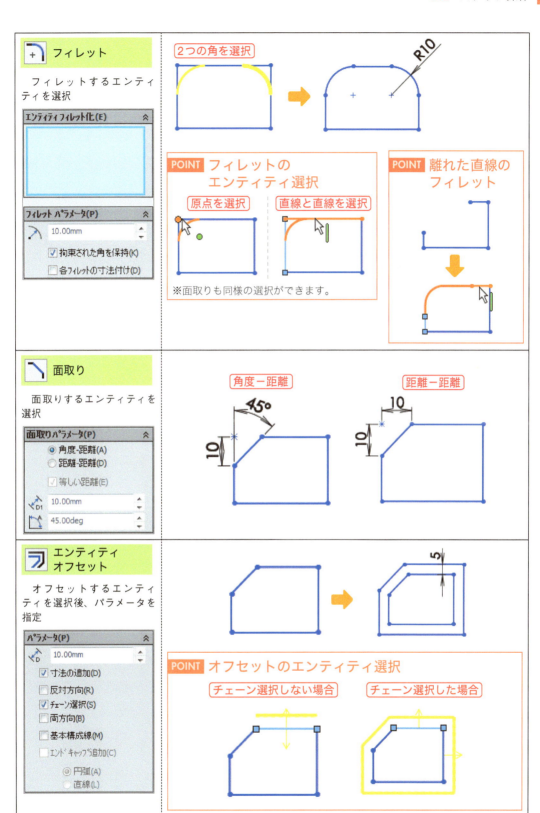

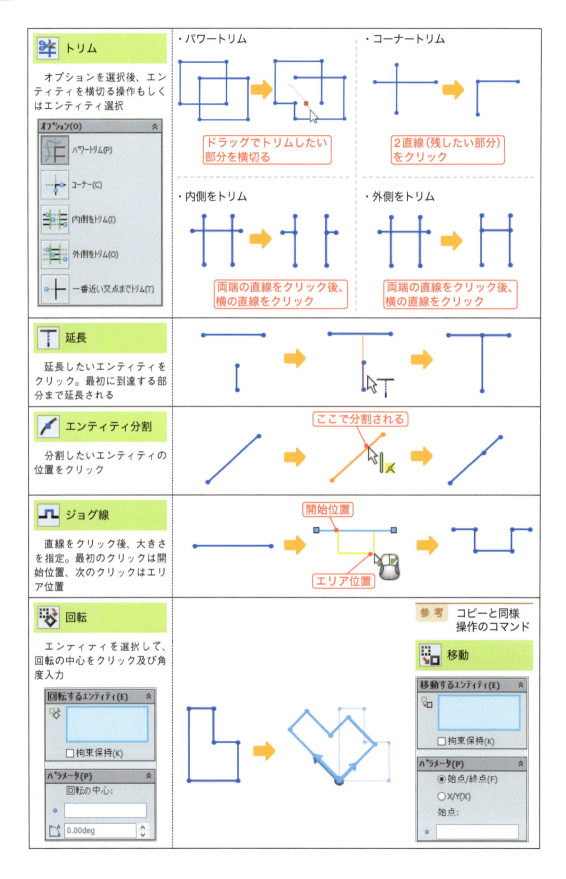

2.2 スケッチ操作

⚠ ミラー

エンティティを選択して、ミラー基準をクリック

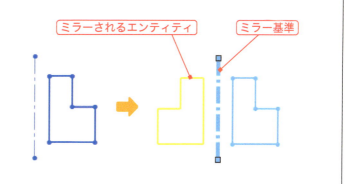

スケール変換

エンティティを選択して、基準点をクリックして、スケールの係数、コピー数を指定

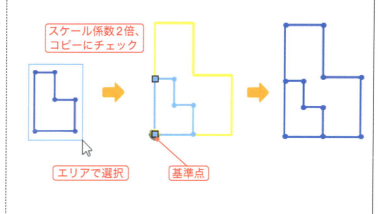

コピー

エンティティを選択して、コピー基準をクリック、その後コピー位置をクリック

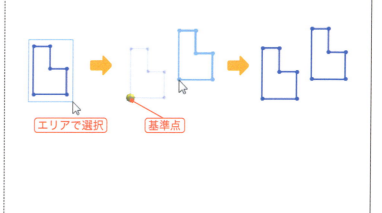

Chapter.2 SOLIDWORKSの基本操作

直線パターン

パターン化するエンティティを選択して、個数や距離を指定

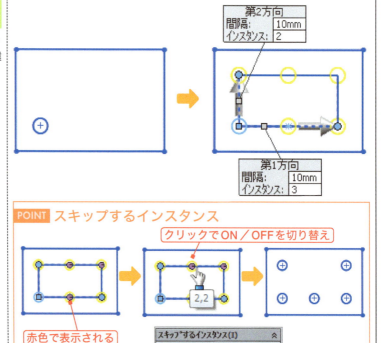

POINT スキップするインスタンス

スキップするインスタンスは円形パターンでも同様に行えます。また、フィーチャーの直線パターン、円形パターンも同様操作になります。

円形パターン

パターン化するエンティティを選択して、軸や個数や距離を指定

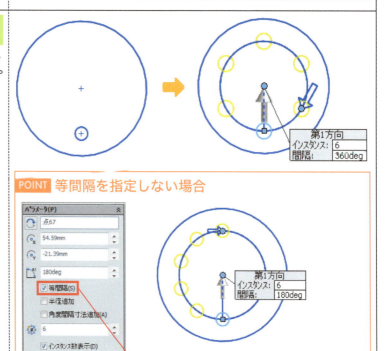

POINT 等間隔を指定しない場合

エンティティ変換

スケッチ面に変換したいエンティティを変換（コピー）。まずスケッチに入り、エンティティを選択することで変換。変換されたエンティティは幾何拘束が付与され、元のスケッチを変更すると変換後のエンティティも変更される

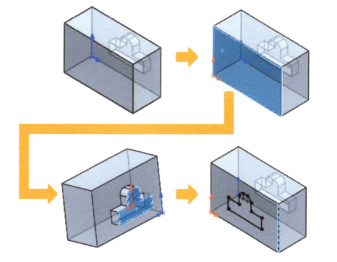

スケッチ修正

コマンド起動して移動、または回転のパラメータを入力

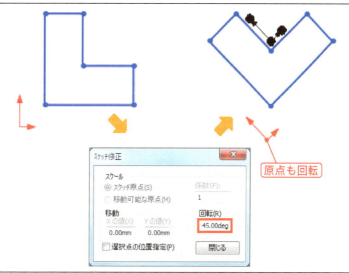

原点も回転

3Dスケッチ

スケッチコマンドには、2次元座標系に入力する「スケッチ」と、3次元座標系に入力する「**3Dスケッチ**」というコマンドが用意されています。入力できるコマンドは、通常のスケッチのコマンドとほとんど同じですが、3次元の座標系を意識しながら作業を進めなければいけません。

3Dスケッチの選択

メニュー：[挿入]→[3Dスケッチ]

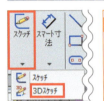

POINT 3Dスケッチでの入力平面の切り替え

Tabキーで、入力平面の切り替えが行えます。なお、ひらがな入力モードになっていると切り替えができませんので注意してください。

3Dスケッチの操作（直線の入力例）

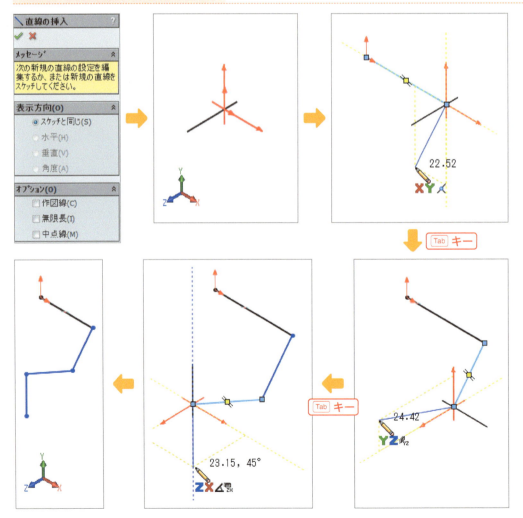

2.2 スケッチ操作

寸法コマンド（寸法配置）

メニュー：[ツール]→[寸法配置]　　タブ：《スケッチ》

▼メニューの寸法配置コマンド

寸法コマンドには、「**スマート寸法**」というクリックするエッジ（要素）や端点により入力できる寸法が決定される便利なコマンドが用意されています。直線の寸法、角度の寸法、円弧の寸法などが入力できます。以下に、その例を紹介します。

● 寸法入力の基本操作

エッジをクリックして、パネルが表示されたら数値（下図の例では30）を入力します。次にエッジから少し離してクリックします。

● 過剰に寸法を入力した場合

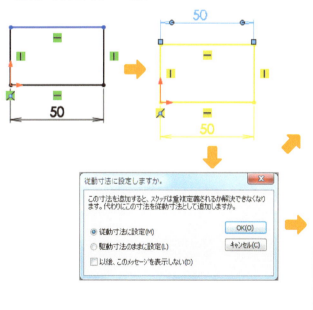

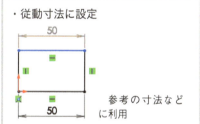
・従動寸法に設定

参考の寸法などに利用

・駆動寸法に設定

重複定義となるので、寸法を削除する

寸法のエラーは幾何拘束が設定されているかによっても異なります。

なお、**重複定義**の状態でスケッチを閉じると、デザインツリーは下図のように表示されます。

直線が水平になっていないのでエラーにならない

直線の寸法

※矢印（→）は、マウスの移動方向を示しています。

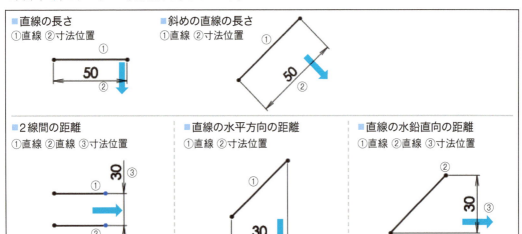

円の寸法

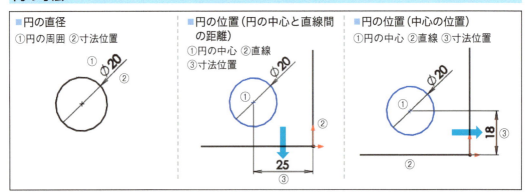

円弧の寸法

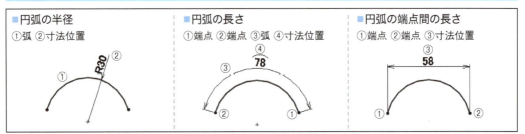

角度の寸法

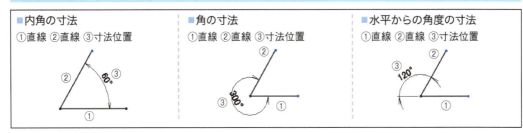

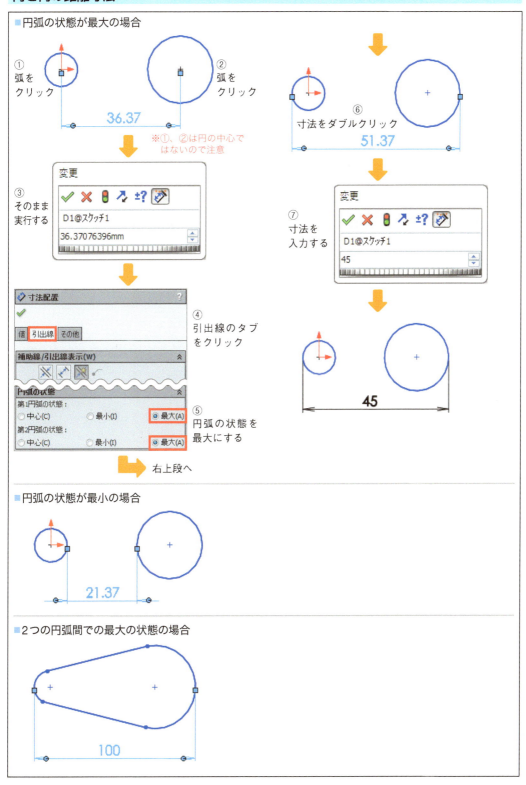

Chapter.2 SOLIDWORKS の基本操作

幾何拘束コマンド

メニュー：[ツール]→[幾何拘束]　　タブ：《スケッチ》

- 幾何拘束の表示/削除
- 幾何拘束の追加
- スケッチの完全定義

※スケッチの完全定義コマンドは、[寸法配置]から選択できます。上記パネルは、コマンドマネージャーに表示されるコマンドです。

幾何拘束コマンドは、形状の状態・姿勢などを設定します。メニューから[幾何拘束の追加]でエッジや端点などを選択することにより設定できます。選択によりパネルに設定可能な幾何拘束が表示されます。

以下、幾何拘束の操作を図示にて説明します。

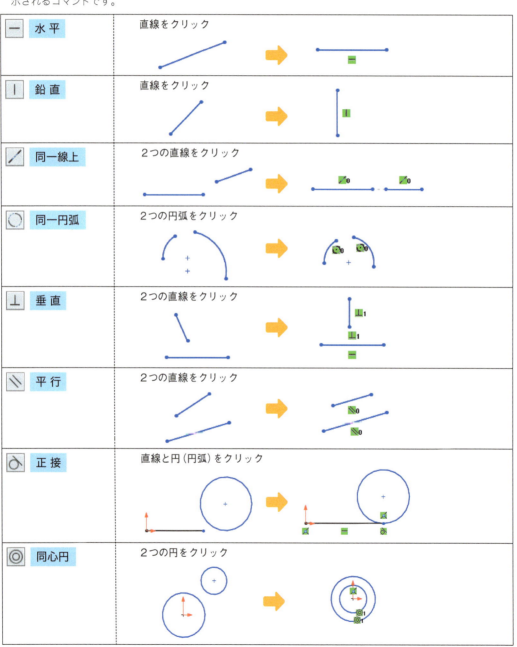

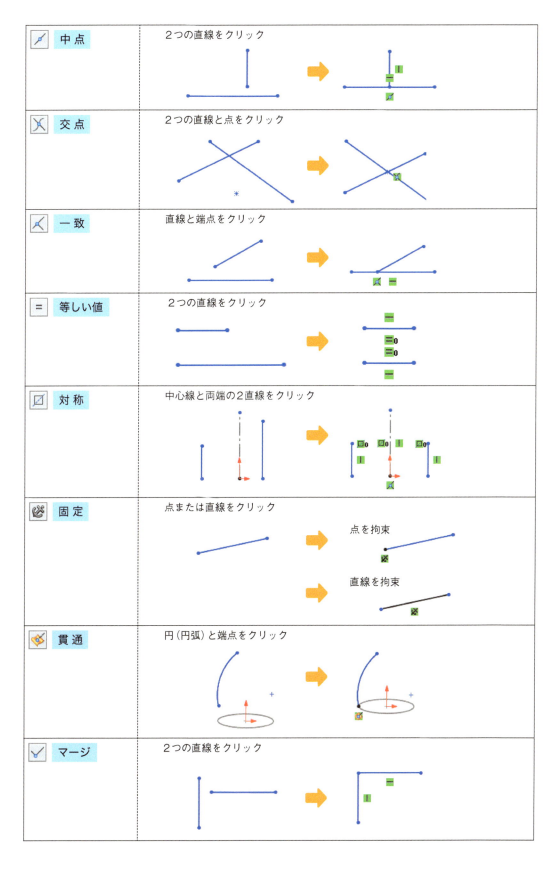

スケッチと幾何拘束の演習

ここでは、実際にさまざまな形状のスケッチを作成してください。スケッチは、寸法と幾何拘束を入力して完全定義で作成してください。なお、幾何拘束の鉛直・水平は省略している場合もあります。また、入力のときに設定される幾何拘束は説明していません。

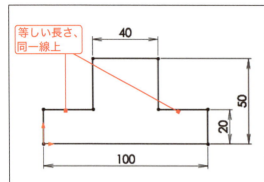

形状作成：直線
幾何拘束：等しい長さ、同一線上

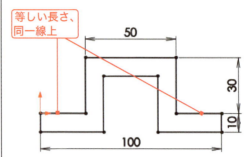

形状作成：直線、オフセット
幾何拘束：等しい長さ

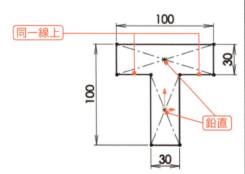

形状作成：矩形中心、トリム
幾何拘束：鉛直、等しい値、同一線上

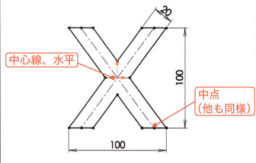

形状作成：3点矩形コーナー、中心線、トリム
幾何拘束：水平、中点、平行、同一線上

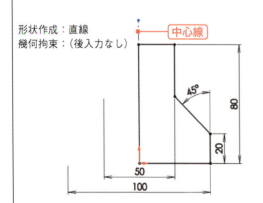

形状作成：直線
幾何拘束：(後入力なし)

形状作成：矩形中心、フィレット、円、スケッチ修正
幾何拘束：同心円、等しい半径

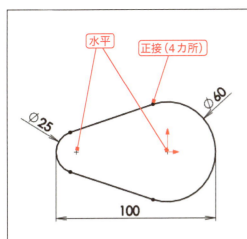

形状作成：円、直線、トリム
幾何拘束：正接、水平

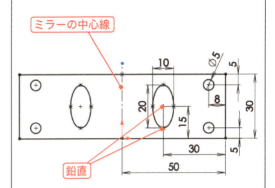

形状作成：円、直線、ミラー
幾何拘束：鉛直

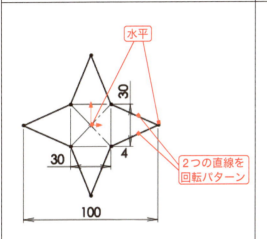

形状作成：矩形中心、直線、作図線、回転パターン
幾何拘束：水平、等しい値

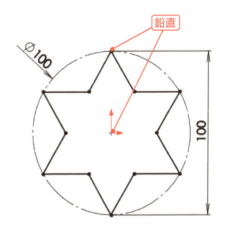

形状作成：多角形
幾何拘束：鉛直

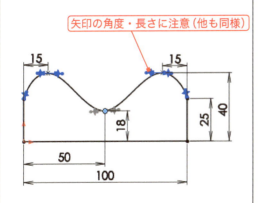

形状作成：直線、スプライン
幾何拘束：等しい長さ

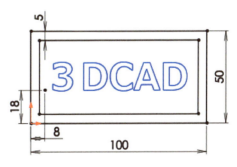

形状作成：矩形コーナー、オフセット、テキスト
幾何拘束：（後入力なし）

2.3 フィーチャー操作

　3次元の立体形状を「フィーチャー」と言います。このフィーチャーを積み上げて部品モデルを完成します。ソリッドモデルで作成する次ページから紹介するコマンドと、サーフェスコマンド（P.63〜66参照）があります。

　フィーチャーは、スケッチした2次元形状を押し出しや回転などのパラメータを指定して作成します。作成したフィーチャーは、FeatureManagerデザインツリーへ順番に記述され、履歴として追加されます。また、履歴の順序を入れ替えすることも可能です（拘束の入れ替えによりエラーになることがあるので注意してください）。

● モデルの作成方法

　モデリングにはさまざまな作成方法があります。以下にL型のブロック形状、円筒形状を元に実際の手順例を示します。いずれの手順も面積・体積・重心などの結果は同じになります。設計意図や作業性などを考慮して作成方法を決めてください。

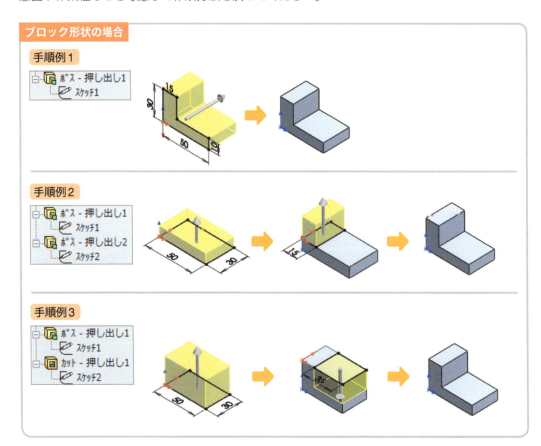

2.3 フィーチャー操作

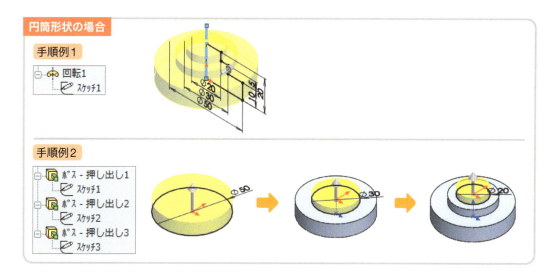

▼コマンドマネージャーのフィーチャーコマンド

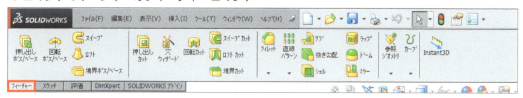

▼コマンドツールバーのフィーチャーコマンド

　以下では、［挿入］メニューに表記されている順番に最初に覚えておきたい主なフィーチャーコマンドを説明します。

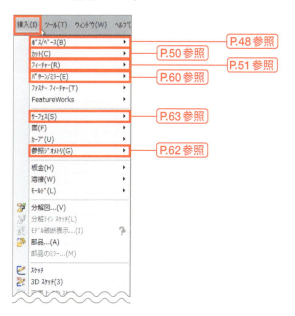

Chapter.2 SOLIDWORKS の基本操作

ボス/ベース

メニュー：[挿入]→[ボス/ベース]

▼メニューのボス/ベースコマンド

※厚み付けコマンドはサーフェスで説明しています（P.66参照）。

▼操作パネルの例（押し出しボス/ベース）

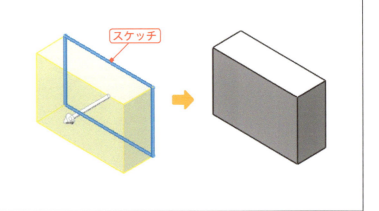

	押し出しボス/ベース
輪郭（スケッチ）を選択して、距離で押し出して作成	

	回転ボス/ベース
輪郭（スケッチ）を軸を中心に回転角度で作成	

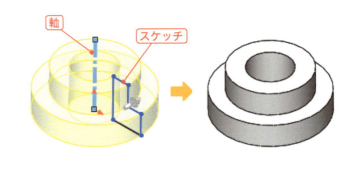

2.3 フィーチャー操作

スイープ

輪郭とパスの異なる2つのスケッチで作成

オプションで方向などが設定できる

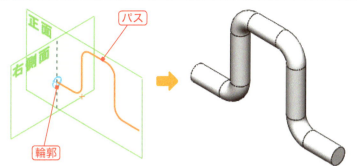

POINT 輪郭は、1つの閉じた輪郭

輪郭が複数あると、以下のように意図しない形状になります。

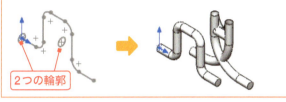

ロフト

複数の輪郭をつなげて作成。各輪郭は異なる平面に作成

拘束の開始や終了なども設定可能。また、ガイドカーブも作成できる

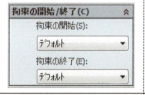

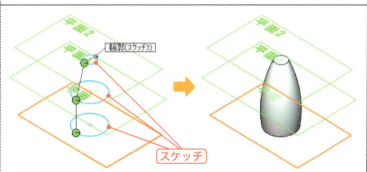

このモデルは、[平面]を作成して、それぞれに円をスケッチ

POINT ドラッグによる変形

ハンドルをドラッグにより変形する(ねじる)ことも可能です。

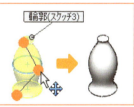

境界ボス/ベース

面と面を結合して作成

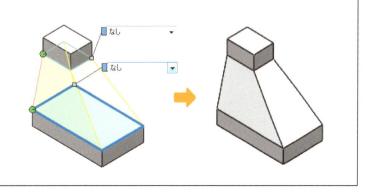

Chapter.2 SOLIDWORKS の基本操作

カット

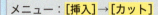

▼メニューのカットコマンド

※厚み付けコマンドはサーフェスで説明しています(P.66参照)。

▼操作パネルの例(押し出しカット)

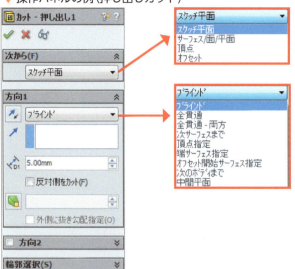

押し出しカット

輪郭(スケッチ)を指定距離によりカット

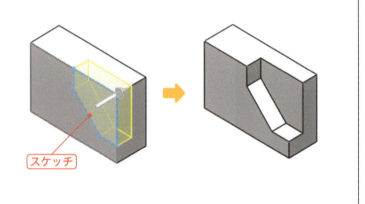

回転カット

輪郭(スケッチ)を軸を中心に回転角度でカット

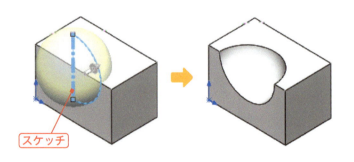

2.3 フィーチャー操作

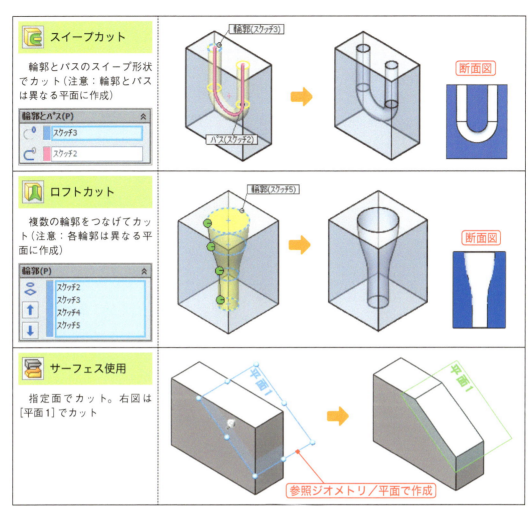

フィーチャー

メニュー：[挿入]→[フィーチャー]

作成したフィーチャーを加工できるコマンドがいくつか準備されています。

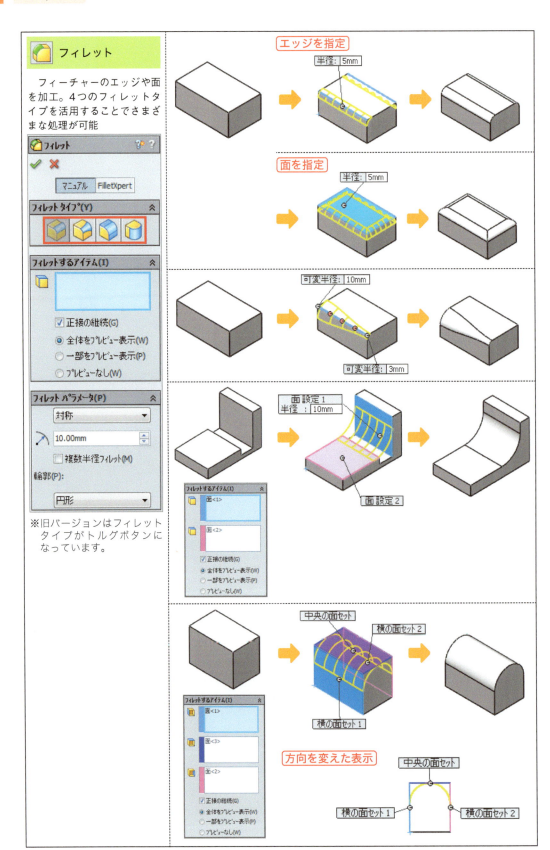

2.3 フィーチャー操作

面取り

フィーチャーのエッジや面を加工。「角度－距離」「距離－距離」「頂点」の3タイプが可能

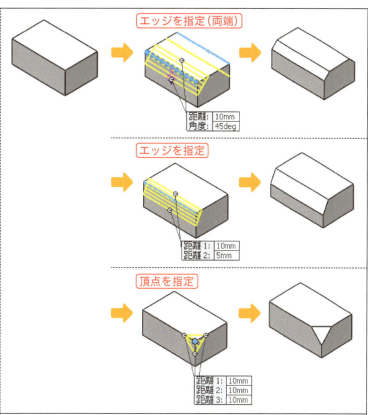

抜き勾配

勾配タイプと角度を指定して、面を選択

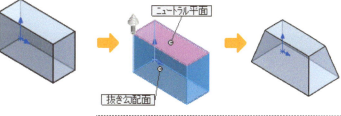

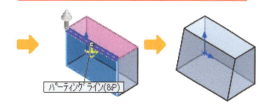

Chapter.2　SOLIDWORKSの基本操作

シェル

フィーチャーの削除面を選択して厚みでくり抜く

マルチ厚みは、面（一部の面）の厚みを変更することが可能

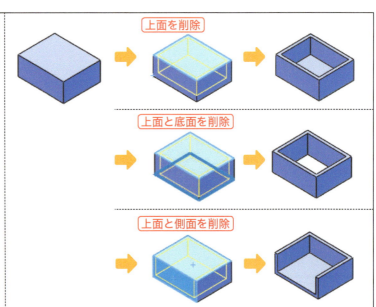

- 上面を削除
- 上面と底面を削除
- 上面と側面を削除

リブ

フィーチャーの厚み方向、展開ラインの厚み、押し出し方向、勾配などを指定して作成

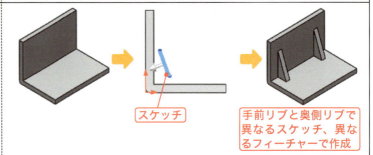

スケッチ

手前リブと奥側リブで異なるスケッチ、異なるフィーチャーで作成

スケッチ

端まで作成しなくてもリブ実行すると延長される

スケール

フィーチャーを倍率により加工

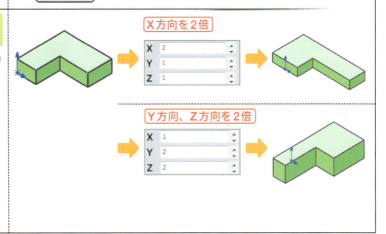

- X方向を2倍
- Y方向、Z方向を2倍

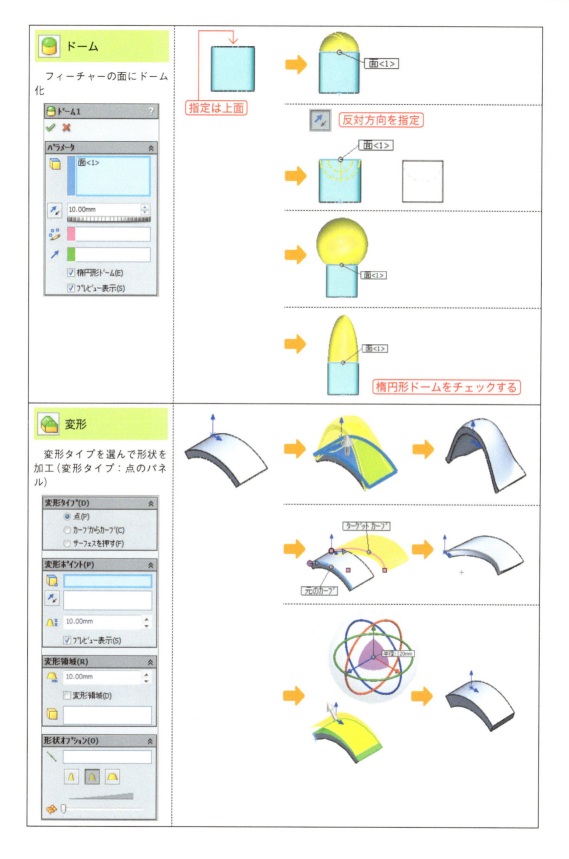

Chapter.2 SOLIDWORKS の基本操作

インデント

フィーチャーを面などにより加工

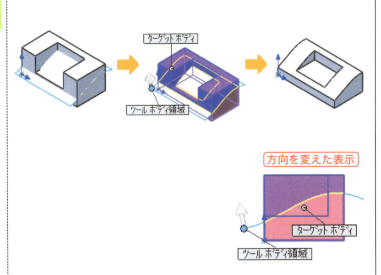

フレックス

フィーチャーをベント、ねじり、テーパ、ストレッチにより変形

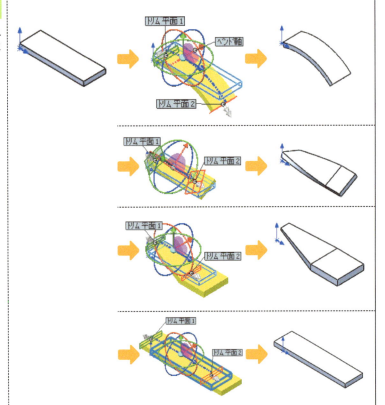

2.3 フィーチャー操作

ラップ

フィーチャーの削除面を選択して厚みでくり抜く

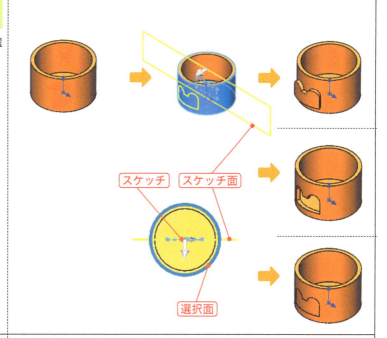

組み合わせ

複数のボディを加算、除算、共通部により組み合わせる

なお、組み合わせはフィーチャーがマージされていない状態でないと実行できないので注意すること

▼押し出しボス/ベースの例

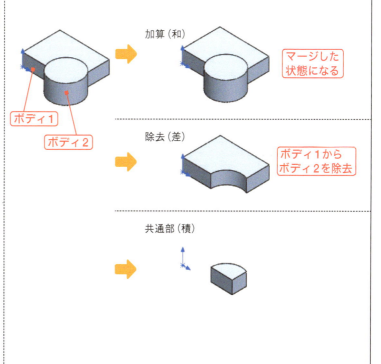

57

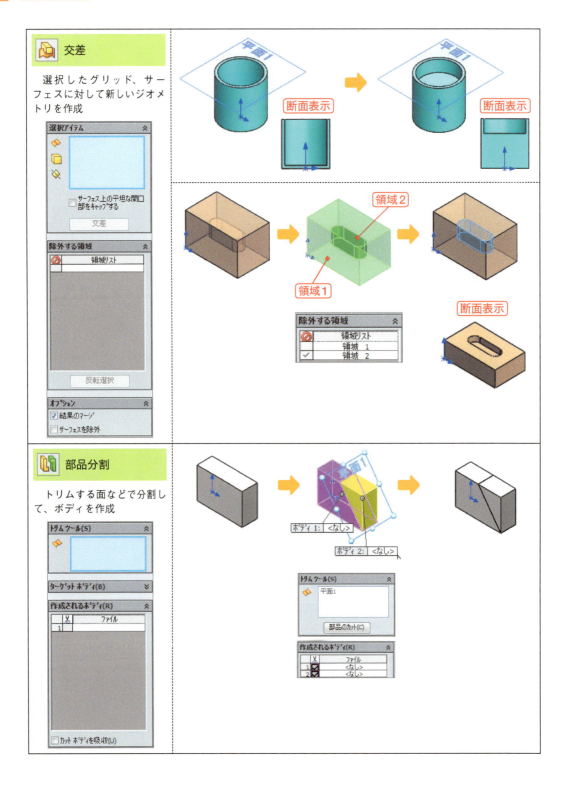

2.3 フィーチャー操作

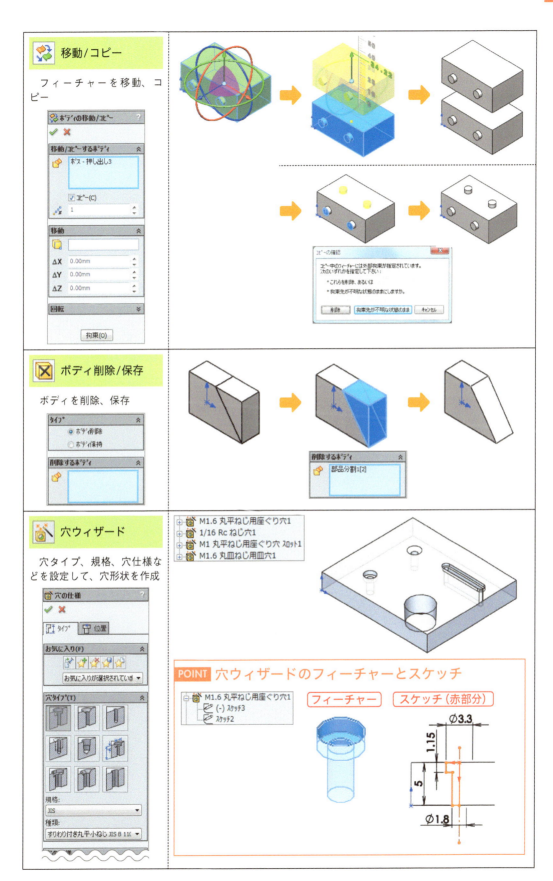

Chapter.2 SOLIDWORKS の基本操作

パターン/ミラー

メニュー：[挿入]→[パターン/ミラー]

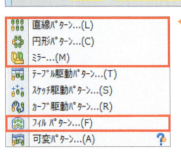
◀ メニューのパターン/ミラーコマンド

直線パターン

形状をX方向、Y方向にコピー

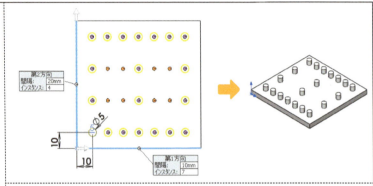

円形パターン

フィーチャーを軸を基準にコピー

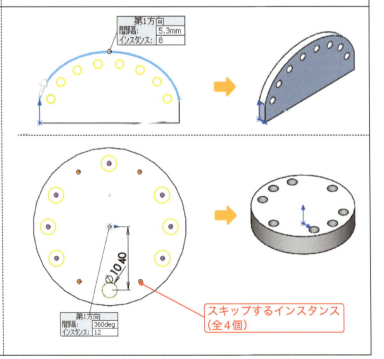

スキップするインスタンス（全4個）

2.3 フィーチャー操作

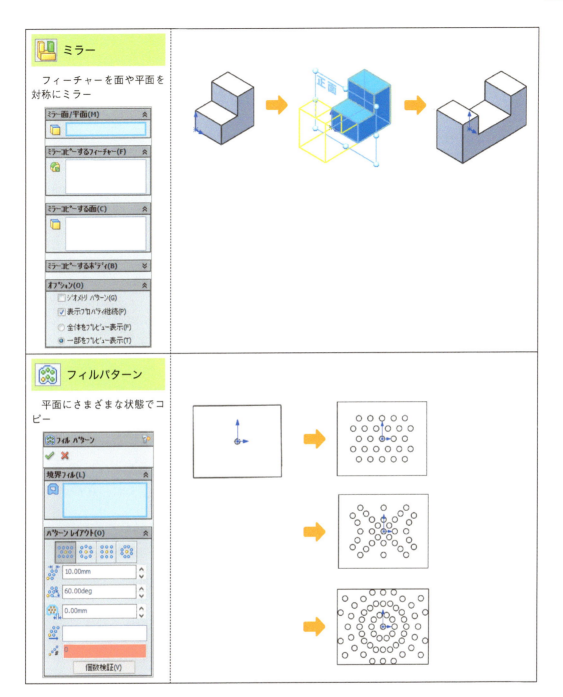

Chapter.2 SOLIDWORKS の基本操作

参照ジオメトリ

メニュー：[挿入]→[参照ジオメトリ]

▼メニューの参照ジオメトリコマンド

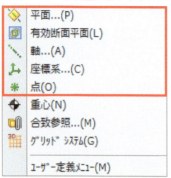

▼コマンドマネージャーの参照ジオメトリコマンド

参照ジオメトリ/平面	面からのオフセット距離	エッジと面からの角度
参照するエッジや面などを選択して新しい平面を作成 	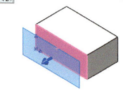	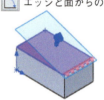
	2面の中間平面	3点で構成される面
	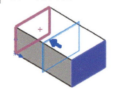	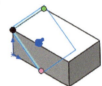

参照ジオメトリ/軸	参照ジオメトリ/座標系	参照ジオメトリ/点
タイプと参照するエッジなどを選択して軸を作成	頂点や点などを選択して新しい座標系を作成	タイプにより参照点を作成

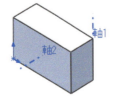	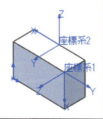	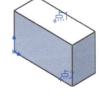

2.3 フィーチャー操作

サーフェス

メニュー：[挿入]→[サーフェス]

▼メニューのサーフェスコマンド

▼コマンドツールバーのサーフェスコマンド

	サーフェス-押し出し	
	サーフェス面を距離で押し出し	

	サーフェス-回転	
	サーフェス面を軸で回転	

	サーフェス-スイープ	
	輪郭とパスの異なる2つのスケッチにより作成	
	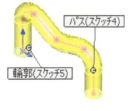	

断面表示

Chapter.2 SOLIDWORKSの基本操作

サーフェス-ロフト
複数の輪郭をつなげて作成。各輪郭は異なる平面に作成

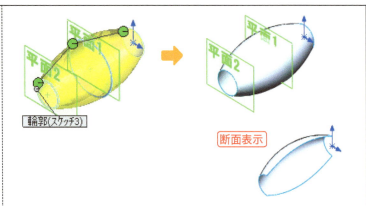

サーフェス-境界
面やエッジを結合して作成

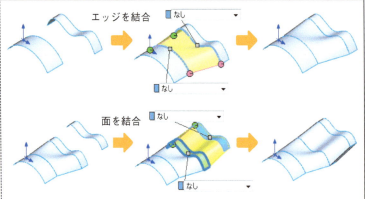

平坦なサーフェス
平らなサーフェスを選択して作成

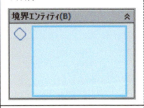
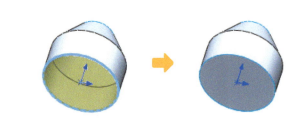

オフセットサーフェス
サーフェスや面を距離でオフセット

2.3 フィーチャー操作

放射状サーフェス

サーフェスや面を距離でオフセット

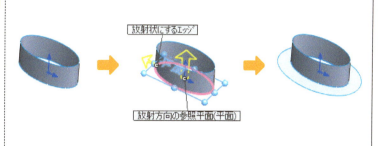

ルールドサーフェス

タイプによりサーフェスを作成。テーパ、スイープなどを実行

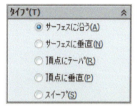

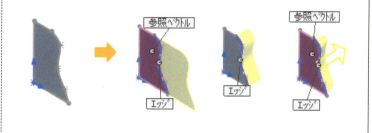

フィルサーフェス

パッチ領域を選択して、サーフェスを作成（接触、正接、曲率が可能）

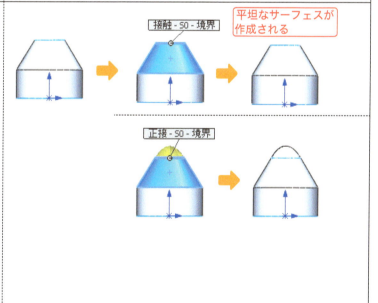

Chapter.2　**SOLIDWORKS の基本操作**

編みあわせサーフェス

複数のサーフェスを集めて、1つに編みあわせる（まとめる）。ソリッド作成やマージもできる

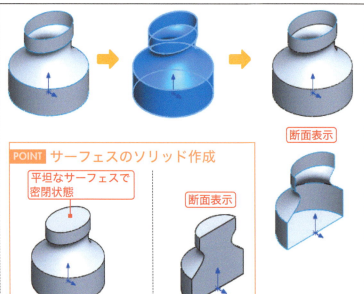

POINT　サーフェスのソリッド作成

平坦なサーフェスで密閉状態

断面表示

厚み付け

サーフェスに厚みを付ける（シェル実行のようになる）。厚み方向の指定可能

参考

2016の厚み付けコマンドは、[挿入]→[ボス/ベース]及び[挿入]→[カット]にあります。

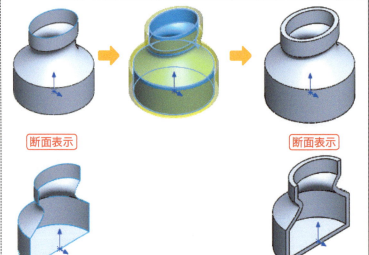

断面表示　　断面表示

66

2.3 フィーチャー操作

評価

メニュー：[ツール] → [測定] or [質量特性] or [断面質量特性]

モデルの作成中、作成後に各種確認・検証が行えます。長さ確認、面積確認、重心確認などは行っておきたい操作です。これらのコマンドは、《評価》タブ内のコマンドで実行できます。

測定

エンティティを選択して距離を計測。複数選択も可

面を選択して面積を計測。複数選択も可

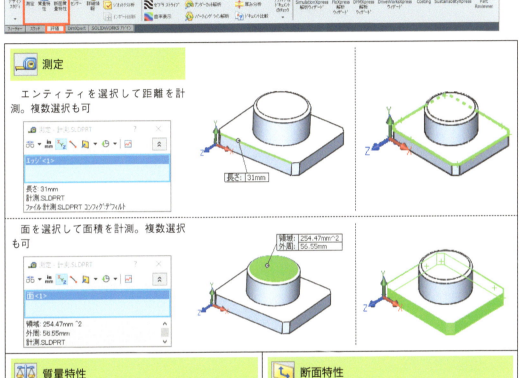

質量特性

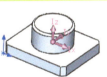

コマンド起動で体積、表面積、重心などを知ることができる（密度は材料設定が必要）

断面特性

選択した面の断面積を知ることができる

2.4 アセンブリ操作

　アセンブリは、複数の部品を合致という操作で組み上げて1つのモデルにします。ここでは、アセンブリの基本操作について説明します。

アセンブリ操作の流れ

　アセンブリは、構成部品の挿入後に合致操作で完成させます。その後、計測（長さや距離の測定）、干渉確認（干渉チェック）、クリアランス検証（間隔）などにより、各種検証を行います。干渉や隙間の確保ができてない場合は、部品モデルの不具合修正を行います。また、分解操作が行え、分解図・組立指示図などの作成に利用できます。

▼アセンブリ操作の流れ

部品挿入 → 合致 → 計測／干渉確認／クリアランス検証 → 分解

　アセンブリコマンドには、以下のものが用意されています。

▼コマンドマネージャーのアセンブリコマンド

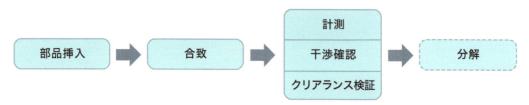

▼コマンドツールバーのアセンブリコマンド

2.4 アセンブリ操作

1 挿入・配置

部品モデルから以下のコマンドを選択します。

アセンブリからアセンブリ作成(K)

※新規ドキュメントでアセンブリ選択でも可能

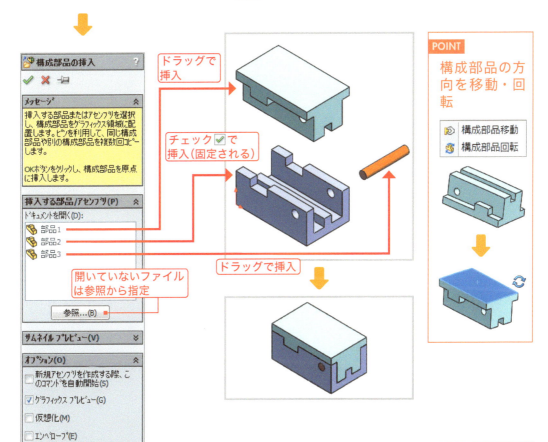

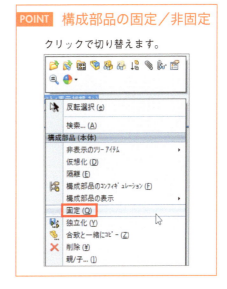

Chapter.2 SOLIDWORKSの基本操作

2 合致

　アセンブリ操作は、合致と呼ばれる結合操作を行うことにより完成させます。合致の種類には、標準合致、詳細合致、機械的な合致という3グループに分かれています。実際の操作では、面と面、面とエッジ、エッジと点というように部品と部品をクリックして行います。

　以下に標準合致、詳細合致、機械的な合致の具体的なコマンドを掲載します。

▼合致操作時のパネル

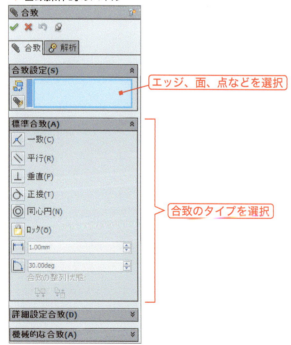

2.4 アセンブリ操作

　ここでは、標準合致の操作イメージを図で示します（ロックを除く）。例は、面をクリックするケースを元に記載しています（エッジや端点で指定する場合は、合致後の状態が異なる場合があります）。

			合致後の状態
⊼	一 致	2つの平らな面を選択	
⫽	平 行	2つの平らな面を選択	
⊥	垂 直	2つの平らな面を選択	
⌀	正 接	平面と円筒面を選択	
◎	同心円	2つの円筒面を選択	
⊢⊣	距 離	2つの平らな面を選択	ℓ
∠	角 度	2つの平らな面を選択	θ

71

Chapter.2　SOLIDWORKS の基本操作

❸ 干渉認識・間隙チェック

　アセンブリモデルは、部品と部品の干渉確認ができます。また、部品と部品の間隙（クリアランス）も確認できます。コマンドは、《評価》タブにあります。Chapter.1（P.9 参照）で概要を説明していますのでここでは説明は省略しますが、意図するモデルであるか必ず確認してください。

❹ 分解

　アセンブリ後のモデルを分解できます。イラスト図作成などに利用できます。部品をクリックして矢印部分をドラッグして移動します。コマンドは、《アセンブリ》タブにあります。

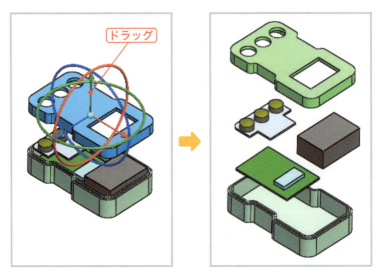

Chapter.2 　SOLIDWORKS の基本操作

2.5 図面作成操作

　部品モデル、アセンブリモデルの形状・寸法の情報を元に図面を作成できます。ここでは、図面作成のいくつかの機能を紹介します。また、Chapter.1（P.11参照）で説明したようにモデルと図面はリンクされていますのでモデル変更したときに便利です。

図面作成操作の流れ

　図面の作成は、図面枠を指定して、各ビューをレイアウト（配置）した後、必要に応じて断面図・詳細図・補助図などを作成し、各種寸法を入力します。

▼図面操作の流れ

図面枠指定 → ビュー配置 → 断面図／詳細図／補助図 → 中心線などの入力／寸法入力

・標準3面図、もしくはパレット表示後ドラッグ
・必要に応じて作成

1 部品モデルから以下のコマンドを選択

部品から図面作成(E)

※新規で図面選択でも可能

2 オプションの図面規格をJISに設定

その他、必要に応じてパラメータを設定・変更

3 シートフォーマット（シートサイズ）の指定

　図面枠は、登録してある独自の枠を利用することもできます。

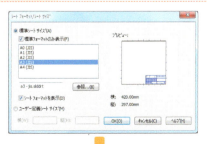

Chapter.2 SOLIDWORKSの基本操作

4 図面ビューをレイアウト

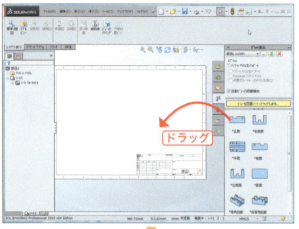

ドラッグして1つのビューを配置した後、上下左右にマウスを移動すると、他のビュー配置ができます。

また、ビュー配置を終了するには、Escキーを押してください。

5 寸法などを入力（断面図などが必要な場合は設定）

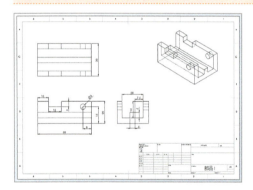

POINT 寸法のオプションパラメータ

メニュー：[オプション]→[ドキュメントプロパティ]→[寸法]

POINT 図面ビューの変更

表示方向を変更

スケールの変更

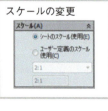

表示スタイルの変更

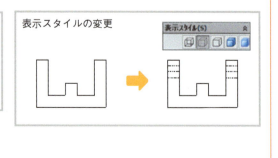

2.5 図面作成操作

6 レイアウト表示

レイアウト表示には、ビューの配置や断面図、詳細図などを作成するコマンドが準備されています。必要に応じて操作してください。

▼コマンドマネージャーのレイアウトコマンド

▼メニューの図面ビューコマンド

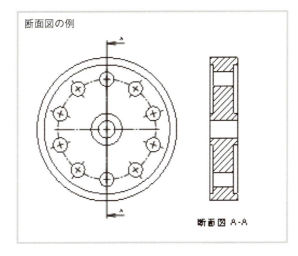

断面図の例

断面図 A-A

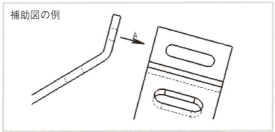

補助図の例

7 アノテートアイテム

アノテートアイテムは、寸法や注記など図面を作成するコマンドが準備されています。また、モデルアイテムコマンドは、部品モデルの寸法を反映でき、部品モデルと相互リンクされていて変更作業にも便利ですので活用してください。

▼コマンドマネージャーのアノテートアイテムコマンド

Chapter.2 SOLIDWORKSの基本操作

▼メニューのアノテートアイテムコマンド

モデルアイテムコマンドによる寸法入力

部品モデル（〜.SLDPRT）で入力した寸法を反映できます。

この寸法は相互にリンクされていてモデルに反映できます。

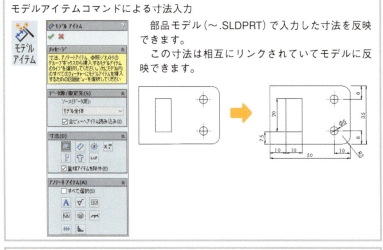

中心線の入力

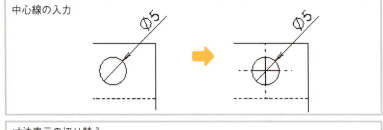

寸法表示の切り替え

アセンブリの図面にバルーン（風船記号）の入力

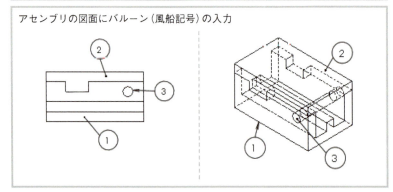

8 スケッチ

スケッチは、寸法や形状などを作成するコマンド（2.2節で紹介したスケッチと同様）が準備されています。

Chapter.2 SOLIDWORKS の基本操作

2.6 操作エラーの表示

効率的なモデリングを行うには、エラーが発生したときにどう対処するかを知っておくことも必要です。ここでは、スケッチ操作、フィーチャー操作、アセンブリ操作のときのエラー表示について記述します。

● 操作エラーについて

エラーが生じるときは、さまざまな原因が考えられますが、解決できそうもないときは1つ前の処理に戻し、エラーがなくなった状態にしてから操作してください。または、エラーのエンティティや寸法・幾何拘束を削除でも構いません。

スケッチのエラー	モデルのエラー	アセンブリのエラー
（＋）　重複定義	🔴 モデルのエラー	（＋）　重複定義
（－）　未定義	❌ フィーチャーのエラー	（－）　未定義
（？）　未解決のスケッチ	⚠ ノードの下の警告	（？）　未解決
プレフィックスなし　完全定義	⚠ フィーチャーの警告	（固定）固定（その位置にロックされている）

エラーが発生する原因の例

- 過剰な寸法が入力されている（寸法を削除）
- 過剰な幾何拘束が入力されている（幾何拘束を削除）
- スケッチの平面がなくなった（再度、平面編集で設定する）
- フィーチャーを削除したためエラーになった

以下にエラーの表示例として幾つか紹介します。

例1：モデルを作成することができない（カット方向にフィーチャーがない）

❌ 再構築エラー
フィーチャーの端点を見つけることができません。
(Cannot locate end of feature.)

アイコンで方向を変える

Chapter.2　SOLIDWORKS の基本操作

例2：スケッチの平面が参照できなくなった（作業平面が削除or変更された）

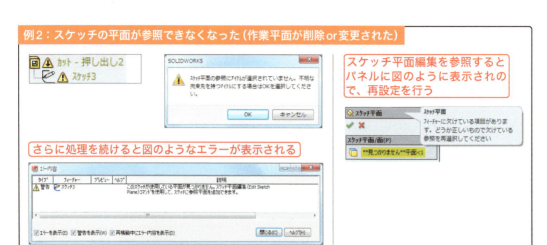

例3：モデルの参照点が見つからない（フィーチャーが削除or変更された）

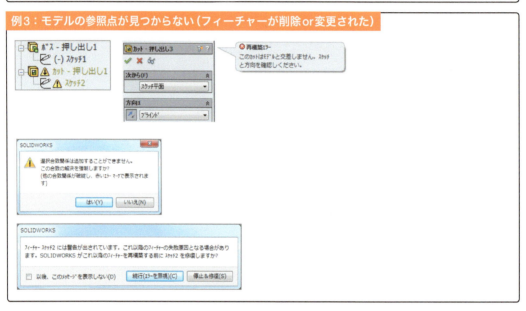

例4：合致のエラー（過剰合致orモデル変更などにより設定が見つからない）

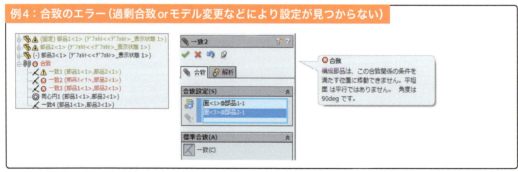

Chapter. 3
部品のモデリング

Contents

3.1	ガイド部品のモデリング	P.80
3.2	固定部品のモデリング	P.90
3.3	計量カップのモデリング	P.96
3.4	パイプフックのモデリング	P.107
3.5	せっけん台のモデリング	P.112
3.6	ミニボトルのモデリング	P.120

Chapter.3　部品のモデリング

3.1 ガイド部品のモデリング

　モデリングするときに頻繁に利用する、**押し出しボス/ベース**、**押し出しカット**を使ったモデリングを、ガイド部品を例に説明します。また、通常のスケッチによる押し出し以外に、**輪郭選択**による押し出しや**勾配指定**も併せて解説します。

● 完成イメージ

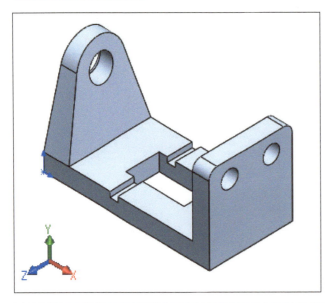

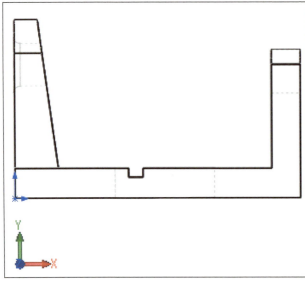

● モデリング手順

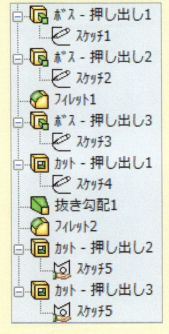

3.1 ガイド部品のモデリング

❶ 底部の形状作成

スケッチ1

[平面]にスケッチ

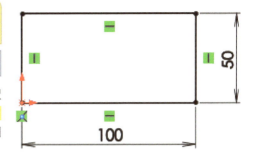

[矩形コーナー]で、原点と画面の右上方向を選択（クリック）して入力します。[スマート寸法]で[直線]を選択（クリック）して、寸法100mmを入力します。同様に、[直線]を選択して、寸法50mmを入力します。

押し出しボス/ベース

スケッチ1を距離10mmで上方向に押し出します。

①入力

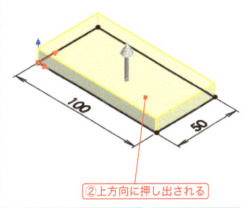

②上方向に押し出される

POINT 矩形のタイプ

矩形は、右図の5つのタイプから選択して作成できます。また、作成時に作図線を追加することも可能です。

POINT スマート寸法

寸法入力は「スマート寸法」（ ）で行います。直線、円、円弧など、さまざまな寸法が入力できます。
　操作は、スマート寸法コマンドを選択して、直線をクリックします。続いて、マウスを少し移動（直線から離す）してクリックすると、変更のパネルが表示されます。パネルに寸法値を入力して、実行ボタンをクリックすれば寸法入力は完了です。

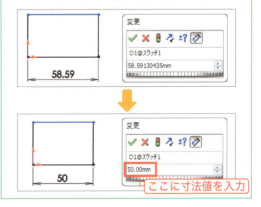

ここに寸法値を入力

POINT 幾何拘束の表示

ヘッズアップビューツールバーから、各種表示切替（ON/OFF）ができます。幾何拘束も下図をONで表示されます。

Chapter.3 部品のモデリング

❷ 右側面部の形状作成

スケッチ2

下図の面にスケッチ

[矩形コーナー]で、原点を端点として、大きさ50mm×40mmの輪郭(外形)を入力します。

スケッチ面

次に、[円]で直径10mmを2つ入力します。続けて[スマート寸法]と[幾何拘束]で右図のように入力します。

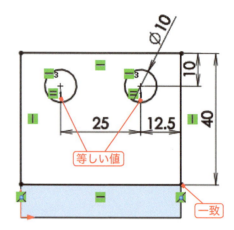

押し出しボス/ベース

スケッチ2を、距離10mmで奥側方向(アイコンで切替)に押し出します。

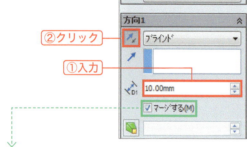
②クリック
①入力

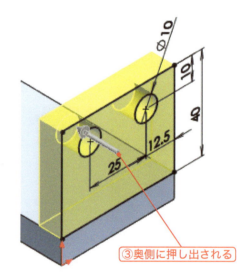
③奥側に押し出される

POINT マージ

2つ目以降のフィーチャーには、パネル内にマージのチェックフラグが表示されます。
通常の部品モデルでは、マージした状態にします。ただし、右図のようなマルチボディ部品などの操作(組み合わせコマンド)ではチェックを外します。マージしていないソリッドは、交差部分の体積が増して実際の体積とは異なります。

▼マルチボディ部品

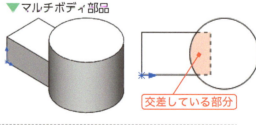
交差している部分

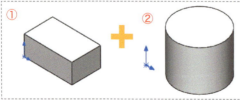
① ②
組み合わせコマンドで①から②との交差部分を除去

3.1 ガイド部品のモデリング

❸ 右側面部のフィレット作成

 フィレット

フィレットタイプ：

ボス-押し出し2の右図の**エッジ2カ所**を選択して、**半径5mm**のフィレットを作成します。

POINT　フィレットタイプ

フィレットタイプは、以下の4種類が選択できます。なお、フィーチャー編集時には、フィレットタイプは表示されませんので注意しましょう。

- 固定サイズフィレット
- 可変サイズフィレット
- 面フィレット
- フルラウンドフィレット

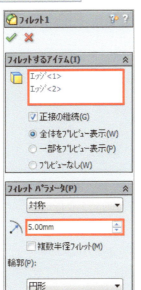

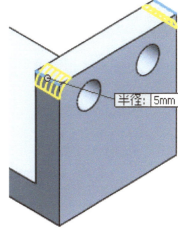

※旧バージョンはパネルが異なりますが、選択・入力項目は同じになります。

❹ 左側面部の形状作成

 スケッチ3

下図の面にスケッチ

[**直線**]で右図のように**3つの直線**を入力した後、[**正接円弧**]を入力します。続けて、[**スマート寸法**]で**35mm**、**25mm**を入力し、最後に**半径15mm**を入力します。

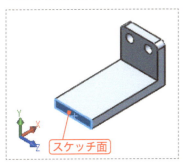

スケッチ面

▼左側面から表示してスケッチ

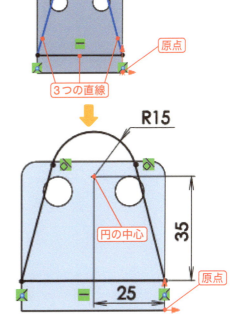

原点
3つの直線
R15
円の中心
35
25
原点

押し出しボス/ベース

スケッチ3を、**距離15mm手前方向**（アイコンで切替）に押し出します。

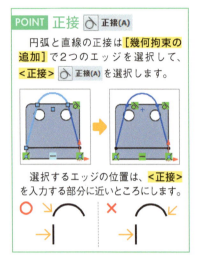

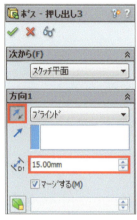

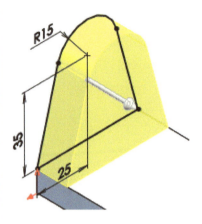

❺ 左側面部の穴形状作成

スケッチ4

下図の面にスケッチ

[円] で、**直径15mm** を入力します。その後、**[幾何拘束]** で **<同心円>** を入力します。

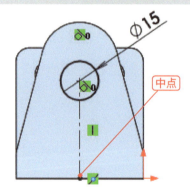

押し出しカット

スケッチ4を、**<次サーフェスまで>** で**手前方向**にカットします。
<全貫通> を選択すると、反対側までカットされてしまいます。注意しましょう。

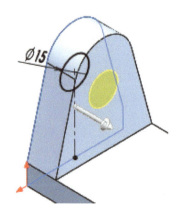

3.1 ガイド部品のモデリング

POINT パラメータの活用

押し出しボス/ベース、押し出しカットなどのパネルでパラメータを指定すると、押し出し開始位置や押し出し範囲・方向などが変更できます。

例えば、前頁のモデルを利用して、**<次から>** で**<オフセット>**を、**<方向1>**で**<端サーフェス指定>**をそれぞれ指定すると、下図のようになります。

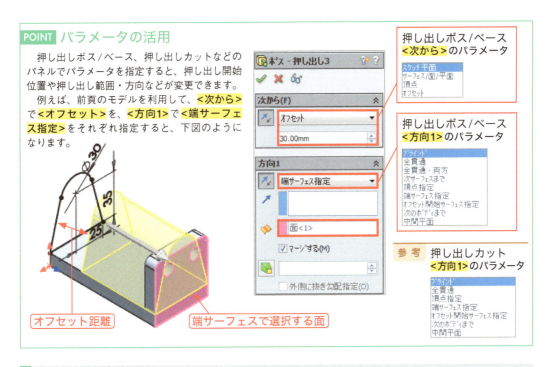

オフセット距離　　端サーフェスで選択する面

押し出しボス/ベース **<次から>**のパラメータ

押し出しボス/ベース **<方向1>**のパラメータ

参考 押し出しカット **<方向1>**のパラメータ

❻ 勾配の設定

抜き勾配

[**マニュアル**]タブを選択します（右図のパネルは編集時での表示のため、タブは省略されています）。**<ニュートラル平面>**を選択します。**勾配角度**に**8deg**と入力し、**<ニュートラル平面>**と**<勾配指定面>**を選択して、勾配を作成します。

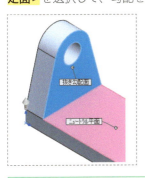

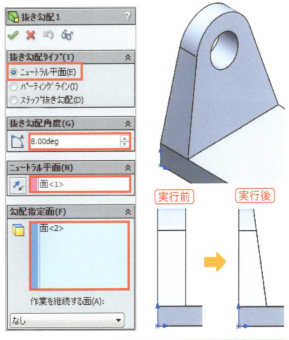

実行前　　実行後

POINT パラメータによる勾配の設定

[押し出しボス/ベース]、[押し出しカット]などのパラメータでも、**<勾配>**が指定できます。このとき、周囲4面に勾配が適用されます。

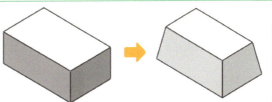

85

❼ 左側面部の穴にフィレット作成

 フィレット

フィレットタイプ：

カット-押し出し3の**円のエッジ**を選択して、**半径2mm**のフィレットを作成します。

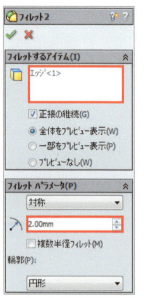
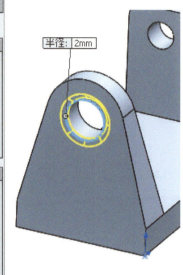

❽ 底部のカット形状の作成1

 スケッチ5

右図の面にスケッチ

下記の手順にしたがって**2つの矩形**を入力します。

(1) 中心線を入力

図のように**中点をクリック**して、**中心線**を入力します。

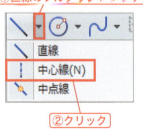
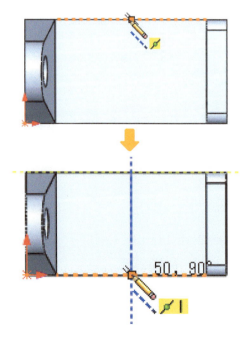

(2) 矩形1を入力

[矩形中心]を選択して、入力します。1点目のクリックは、中心線の中点をクリックします。続けて[スマート寸法]で、大きさ35mm×20mmに設定します。

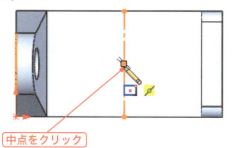

(3) 矩形2を入力

矩形1と同様に、[矩形中心]で大きさ5mm×50mmの矩形を入力します。このとき、エッジ上の端点を選択すれば50mmの寸法は省略できます。

また、[幾何拘束]で矩形1と矩形2の中心点を<水平>に設定します。

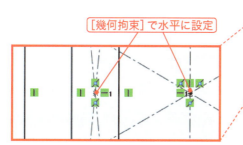

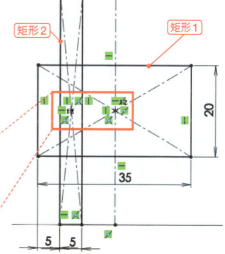

 押し出しカット

スケッチ5の輪郭のエッジを選択して、<全貫通>でカットします。

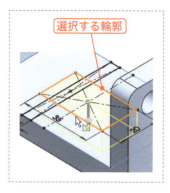

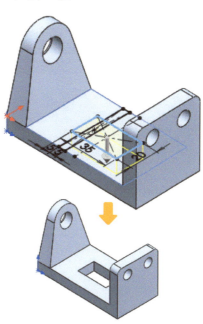

Chapter.3 部品のモデリング

> **POINT** 輪郭選択
>
> スケッチの外形は、通常は1つの閉じた形状とします。ただし、複数の閉じた形状でも、**<輪郭選択>** によりフィーチャーを作成することができます。
>
>
>
> ● 輪郭の内部を選択した場合
>
>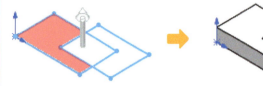
>
> ● 輪郭のエッジを選択した場合
>
>

> **POINT** スケッチのアイコン
>
> スケッチのアイコンは、フィーチャー作成後に表示が変化します。
>
> 通常のアイコン
>
> スケッチの形状を輪郭選択したアイコン
>
> スケッチの形状を輪郭選択して、他のフィーチャーと共有しているアイコン

❾ 底部のカット形状の作成2

押し出しカット

スケッチ5の**輪郭のエッジ**を選択して、**距離3mm下方向**にカットします。

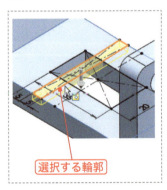

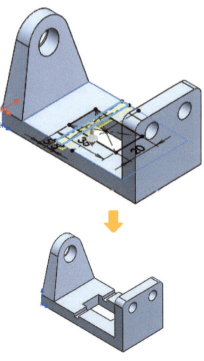

【練習問題】

　モデル作成手順は1つではありませんので、別の手順で作成してください。下図に作成手順例の最初の部分を紹介しますので参考にしてください。

●最初のスケッチを正面で開始しモデリングする

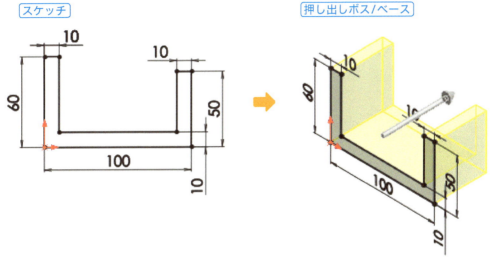

●直方体を作成した後、カットしてモデリングする

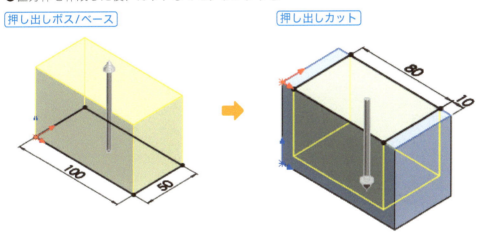

3.2 固定部品のモデリング

　ここでは、同一形状をコピーで作成するモデルの例として、スタンドのベース部のモデリングを説明します。直線パターンや円形パターンなど、コピー関連のコマンドは、よく利用する機能です。このモデルでは、円形パターンを利用しています。また、シェル、フィレット、面取りなどのモデルを加工・編集する機能も利用しています。どの段階でコピーを作成するかによって、モデルに影響しますので、注意しながら作成してください。

● 完成イメージ

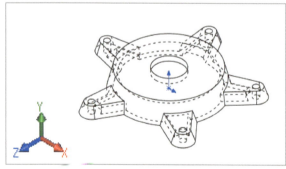

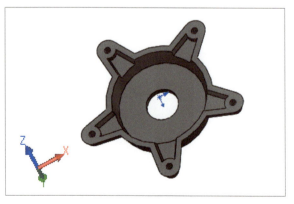

● モデリング手順

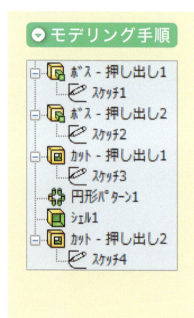

3.2 固定部品のモデリング

❶ ベース部の作成

 スケッチ1

[平面]にスケッチ

[円]で、原点を中心として、直径100mmで入力します。

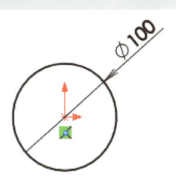

 押し出しボス/ベース

スケッチ1を距離20mm、勾配15deg、上方向に押し出します。

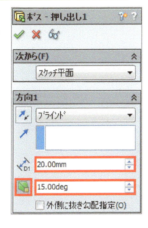

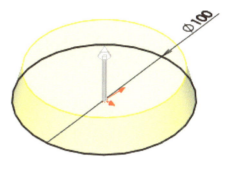

Chapter.3　部品のモデリング

❷ 突起部分の作成

 スケッチ2

下図の面にスケッチ

[直線]と[円]、[中心線]で形状を入力した後、[スマート寸法]と[幾何拘束]で完成させます。

▼表示方向を平面にして外形を入力

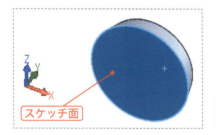

スケッチ面

▼完成したスケッチ

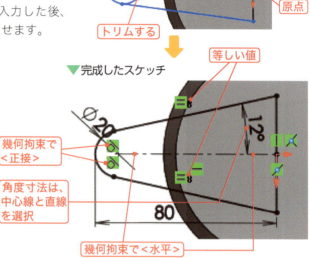

POINT トリム

トリムは、まずパワートリムで操作してください。ドラッグしながら、円を横切るとトリムされます。

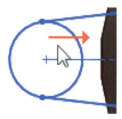

その他、右図のオプションを選択することができます。

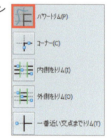

 押し出しボス/ベース

スケッチ2を、**距離10mm**、**勾配20deg**を入力して、**上方向**に押し出します。

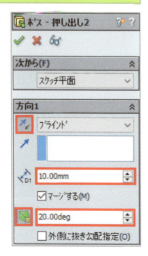

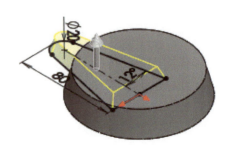

❸ 突起部分の穴作成

スケッチ3

下図の面にスケッチ

[円]で、直径6mmを入力します。次に[幾何拘束]で、<同心円>を入力します。

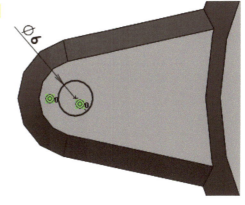

押し出しカット

スケッチ3を、<全貫通>で押し出しカットします。

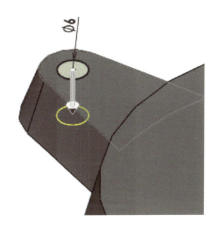

Chapter.3 部品のモデリング

❹ 突起部分のコピー

円形パターン

[円形パターン]で、ボス−押し出し2とカット−押し出し1を選択し、5つコピーします。このとき、軸には[一時的な軸]を選択し、角度360degで、<等間隔>にチェックを入れます。

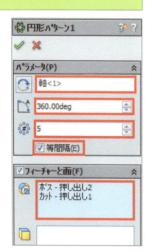
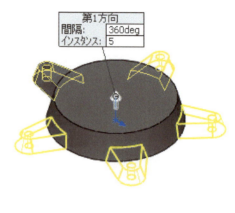

> **POINT** 一時的な軸
> 円や円弧などを含むフィーチャーは、軸を入力しなくても、[一時的な軸]が表示できます。これを回転軸に利用できます。

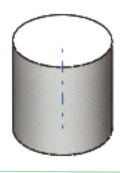

> **参考** 円のエッジを選択しても、軸の選択になります。

❺ 裏側のくり抜き

シェル

ボス−押し出し1の底面を選択します。厚み5mmと入力して、シェルを作成します。

選択する面

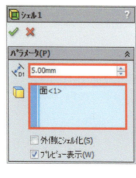
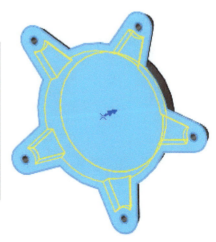

❻ 中心部分の穴作成

 スケッチ4

下図の面にスケッチ

[円]で、原点を中心として直径30mmを入力します。

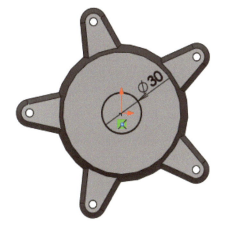

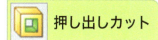 **押し出しカット**

スケッチ4を、**<全貫通>**で押し出しカットします。

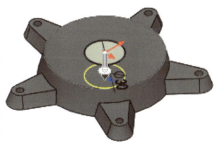

◎【練習問題】

シェルを実行する順番を変えると、形状が変わることを確認してください。順番を変えるには、デザインツリーのシェルをドラッグで別の位置に移動します。ただし、移動位置によってはエラーになりますので注意してください。

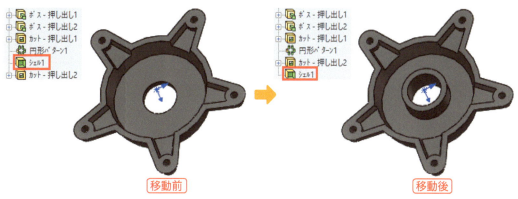

Chapter.3　部品のモデリング

3.3　計量カップのモデリング

　ロフト、**スイープ**など、曲面が表現できる機能を利用したモデリング手法として、計量カップを例に説明します。ロフトは、複数の輪郭（スケッチ）を結び付けて立体化するフィーチャーで、カップの本体部分に利用しています。スイープは、取手の部分に利用しています。これらの機能を応用するとビン、ペットボトル、パイプなど、さまざまなモデルが作成できるようになります。ただし、複雑な曲面を利用する場合は、サーフェスによるモデリングが必要となります。

🔽 完成イメージ

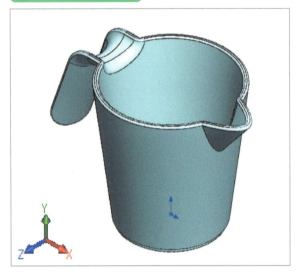

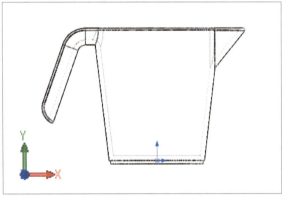

🔽 モデリング手順

3.3 計量カップのモデリング

❶ 本体部分のための平面作成

 参照ジオメトリ／平面

<第1参照>に**平面**を選択して**距離80mm**を入力し、新しい平面を作成します。右図パネルにはありませんが、作成する平面数は1つになります。

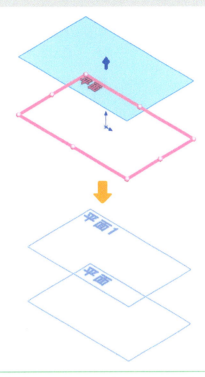

POINT 参照ジオメトリ

参照ジオメトリは、**[フィーチャー]**タブの右図、もしくはメニューの**[挿入]**→**[参照ジオメトリ]**から選択できます。平面、軸、座標系などが入力できます。

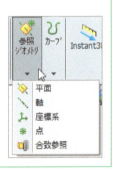

POINT 画面内にデザインツリーを表示

パネル表示しているときに Ctrl + C キーで画面内にデザインツリーを表示でき、平面などを選択できます。

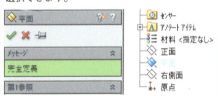

❷ 本体部分の作成

 スケッチ1

[平面]にスケッチ

[円]で、原点を中心として、**直径60mm**を入力します。

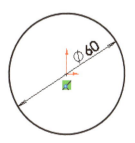

97

Chapter.3　部品のモデリング

スケッチ2

[平面1]にスケッチ

[円]で原点を中心として、直径80mmを入力します（スケッチ面に注意してください）。

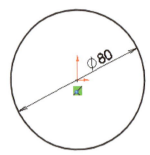

▼作成した円と平面の状態

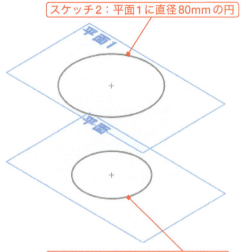

スケッチ2：平面1に直径80mmの円

スケッチ1：平面に直径60mmの円

ロフト

<輪郭>にスケッチ1とスケッチ2を選択して、ロフト形状により本体部分を作成します。選択は、デザインツリーからクリックすると真っ直ぐ結べます。

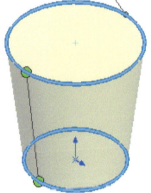

輪郭(スケッチ2)

POINT　ロフト形状のねじりハンドルドラッグによる形状変更

ハンドル部分（緑色の表示）をマウスでドラッグすると形状を変更できます。
ただし、ハンドルの移動位置によってはモデルを生成できず、エラーになる場合がありますので注意してください。

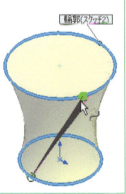

輪郭(スケッチ2)

3.3 計量カップのモデリング

> **POINT** ロフト形状の輪郭選択（ねじれた形状の修正）
>
> マウスによるスケッチクリックでは、ねじれた状態になる場合があります。デザインツリーから輪郭を選択（スケッチ選択）することにより、ねじれのない状態にできます。

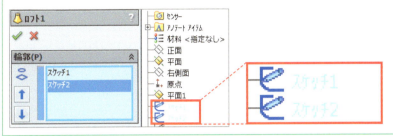

❸ 取手部分の作成

 スケッチ3

[右側面]にスケッチ

[直線]を上面のエッジ上に入力した後、[円弧]の<3点円弧>で入力します。続いて、[スマート寸法]を入力します。原点と円弧の中心は、[幾何拘束]で<鉛直>に設定します。

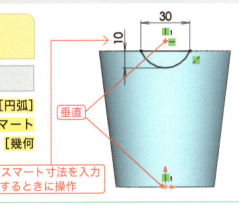

> **POINT** 寸法引出線の状態変更（円弧の状態）
>
> 円や円弧の場合、寸法の入力状態を変更することができます。寸法入力の後に《引出線》タブを指定し、円弧の状態を変更します。

 スケッチ4

[正面]にスケッチ

図のように[中心線]を入力し、2本の[直線]を入力します。次に、[スケッチフィレット]で半径15mmを入力して、[スマート寸法]で寸法を入力します。

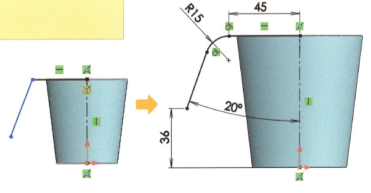

99

Chapter.3 部品のモデリング

 スイープ

<輪郭>に**スケッチ3**、**<パス>**に**スケッチ4**を選択して、スイープ形状を作成します。オプションのパラメータが右図のパネルと異なる場合は、揃えてください。

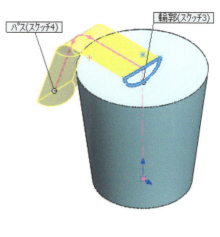

❹ 取手部分の加工

 フィレット

フィレットタイプ：

取手部分のスイープの**エッジ**を選択して、**半径10mm**で作成します。

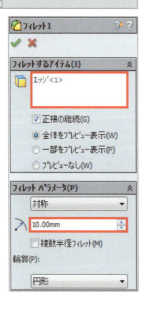
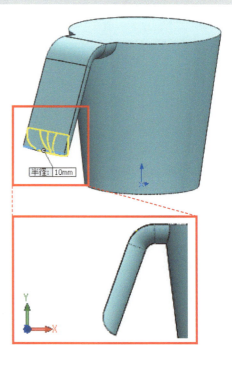

3.3 計量カップのモデリング

❺ そそぎ口のための平面作成

 参照ジオメトリ／平面

<第1参照> に**右側面**を選択して、**距離37mm**で新しい平面を作成します。

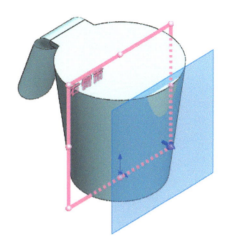

❻ そそぎ口のための本体部分のカット

 サーフェスカット

メニュー：
[挿入]→[カット]→[サーフェス使用]

平面2を選択して、本体の一部をカットします。**カットの方向に注意してください。**

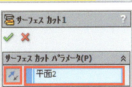

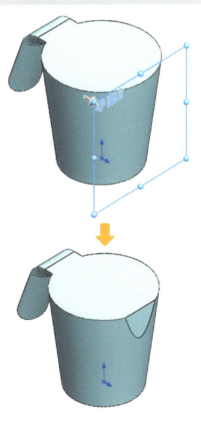

Chapter.3 部品のモデリング

❼ そそぎ口の作成

 スケッチ5

[平面2]にスケッチ

[エンティティ変換]で、
直線と円弧を選択します。

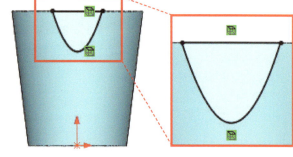

 スケッチ6

[正面]にスケッチ

[中心線]と[直線]によっ
て、右図のように形状を入
力します。

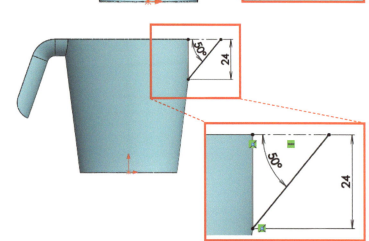

スイープ

<輪郭>にスケッチ5、<パス>にスケッ
チ6を選択して、スイープ形状を作成し
ます。

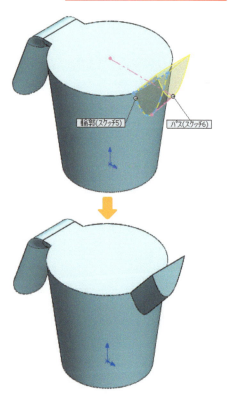

3.3 計量カップのモデリング

 サーフェスカット

メニュー：
[挿入]→[カット]→[サーフェス使用]

平面1を選択して、**上部分**を**カット**します。カットの方向に注意してください。

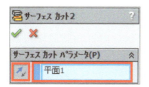

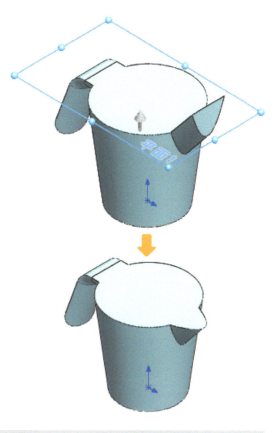

❽ 本体部分、取手部分のくり抜き

 シェル

本体上面部分や取手上面部分の**4つの面**を選択して、**厚み3mm**でシェルを作成します。

選択する4つの面

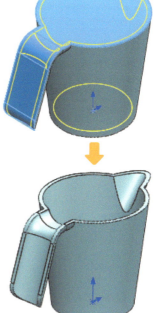

❾ 本体上部及び取手部分の丸み付け

 フィレット

フィレットタイプ：

　下図のように本体部分の**上面**を選択して、**半径1mm**で作成します。このとき、<**正接の継続**>をチェックしてください。

選択する面

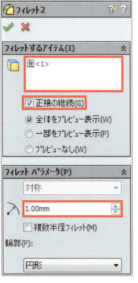

❿ 本体と取手の結合部の丸み付け

 フィレット

フィレットタイプ：

　下図のように**2つのエッジ**を選択して、**半径5mm**のフィレットを作成します。

選択する2つのエッジ

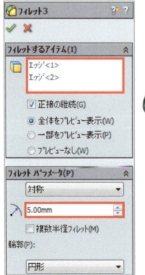

3.3 計量カップのモデリング

⓫ 底部分のフチ作成

 スケッチ7

底面にスケッチ

[円]で、原点を中心として、直径55mmと直径58mmの2つの円を入力します。

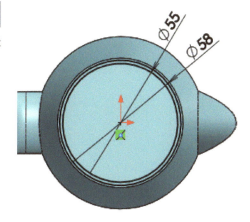

 押し出しボス/ベース

スケッチ7を**距離2mm下方向**に押し出します。

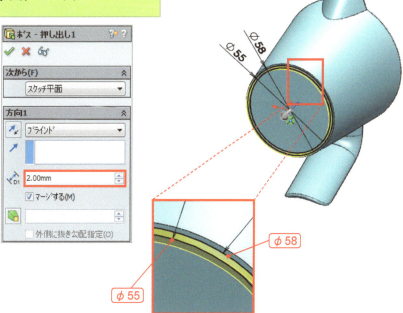

●【練習問題】

● 上記の手順はシェルコマンドを使用して作成しています。同じモデルを、輪郭をスケッチして回転フィーチャーで作成してください。

● ロフト、スイープを活用して、グラスやカップを作成してみてください。

Chapter.3　部品のモデリング

column　体積の検証

SOLIDWORKSでは、作成したモデルに対して、体積（どの程度の量が入るか）の検証ができます（交差の機能は、バージョン2013以降で使用可能）。

 交差

メニュー：
[挿入]→[フィーチャー]→[交差]

あらかじめ、計測したい位置（距離）に[平面]で、新しい平面を作成しておきます。

<交差>ボタンをクリックして、除外する領域で不要な部分にチェックしたら、実行します（選択する順番により領域1～4の表示順序は変わります）。

体積部分のみを表したモデルを確認することができます。

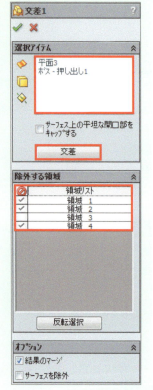

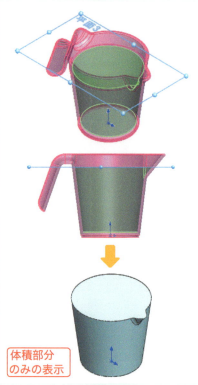

体積部分のみの表示

 質量特性

評価タブに切り替えて、[質量特性]で体積を計算します。これによりこのカップに入る量を数値で把握でき、目盛りを入れるときの位置決めなどに役立ちます。

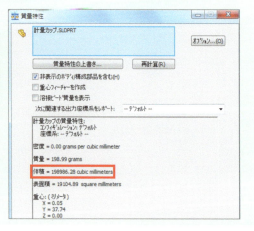

Chapter.3　部品のモデリング

3.4 パイプフックのモデリング

　ここまで解説したスケッチでは、2次元座標系の面に形状を作成しました。ここでは、3次元座標系で形状を作成する**3Dスケッチ**を利用してモデリングします。3Dスケッチは、作成している状態がわかりにくくなる場合がありますので、回転、拡大・縮小などの画面を上手く操作しながら進めてください。

● 完成イメージ

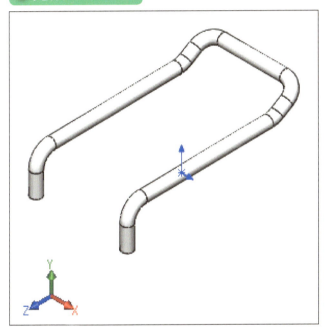

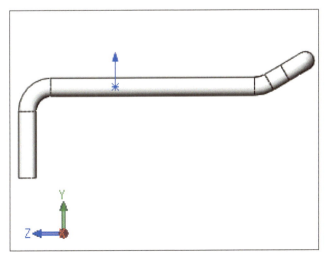

● モデリング手順

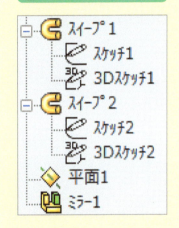

107

Chapter.3 部品のモデリング

❶ パイプのパス作成

3Dスケッチ

　[3Dスケッチ]を選択してから、**[直線]**で右図のように入力します。次に、**[スケッチフィレット]**で、**半径8mm**と**半径10mm**のフィレットを**各2カ所**入力します。

　その後、**[スマート寸法]**で寸法を入力して、完全拘束にします（入力した寸法の引き出し線の方向は、右図と同じでなくとも構いません）。

> **参考** 表示方向を変えた状態

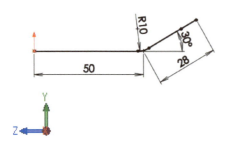

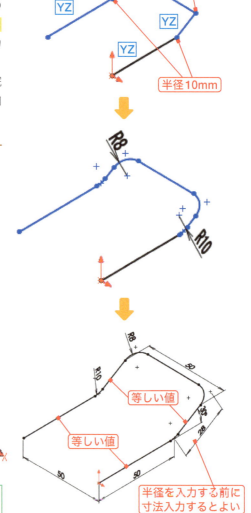

> **POINT** 3Dスケッチの座標系切り替え
>
> 　**[Tab]**キーをクリックすることで、座標系が逐次切り替わります。下図は円入力のときのアイコンと円の画像です。

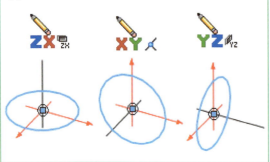

> **POINT** 拘束関係の追加
>
> エンティティをクリック後に関係を追加します。

❷ パイプの輪郭作成

スケッチ1

[正面]にスケッチ

[円]で、原点を中心として、直径6mmで入力します。

❸ パイプ形状の作成

スイープ

<輪郭>にスケッチ1、<パス>に3Dスケッチ1を選択して、スイープ形状を作成します。

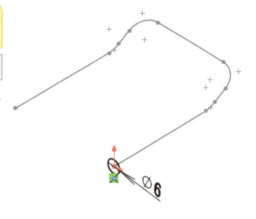
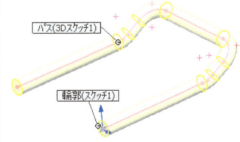

Chapter.3 部品のモデリング

④ パイプの先端部作成

 3Dスケッチ

[3Dスケッチ]を選択してから、[直線]で図のように入力します。次に、[スケッチフィレット]で、半径8mmを入力した後、[スマート寸法]で完成させます。

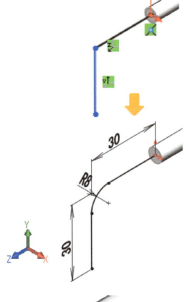

 スケッチ2

下図の面にスケッチ

[エンティティ変換]で、円筒のエッジをクリックします（原点を中心として直径6mmの円を入力でも構いません）。

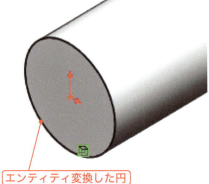

 **スイープ**

<輪郭>にスケッチ2、<パス>に3Dスケッチ2を選択して、スイープ形状を作成します。

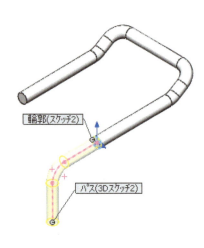

110

❺ 先端部分のミラーコピー

参照ジオメトリ／平面

<第1参照> に**右側面**を選択し、**距離25mm**を入力して、新しい平面を作成します。このとき**オフセット方向反転**にチェックを入れ、右図と同様になるようにしてください。

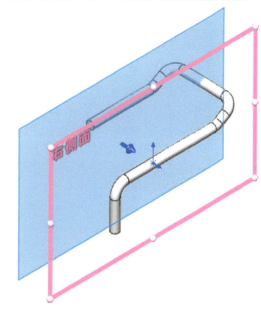

ミラー

<ミラー面/平面> に**平面1**を選択して、**スイープ2**をミラーコピーします。

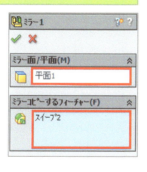

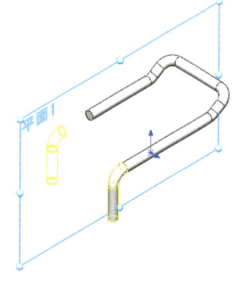

【練習問題】

3Dスケッチを使用してパイプ椅子を作成してください。椅子のサイズ、パイプの太さなどを決めてから作成してください。

Chapter.3　部品のモデリング

3.5 せっけん台のモデリング

　せっけん台のモデリングを解説します。せっけんの大きさを幅75mm×奥行52mmで厚み10mmを想定しています。実際にせっけんを置くと周囲に数mmの余裕があり、高さ方向は、台から少しはみ出すイメージです。モデリング操作では、組み合わせ（マルチボディ）や可変フィレットを利用してみます。

● 完成イメージ

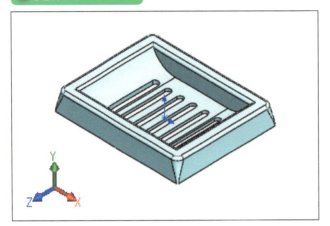

● モデリング手順

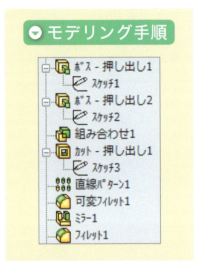

❶ 本体部の形状作成

 スケッチ1

[平面] にスケッチ

[矩形中心] で、原点を中心に大きさ100mm×80mmを入力します。

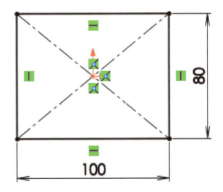

3.5 せっけん台のモデリング

 押し出しボス/ベース

スケッチ1を**勾配5deg**入力して、**距離15mm**上方向に押し出します。

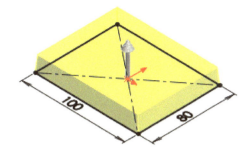

❷ せっけんを置く凹部の形状作成

 スケッチ2

[正面]にスケッチ

[直線]と[3点円弧]で、右図のように輪郭形状を入力します。円弧と直線は<正接>にしてください。

▼直線と円弧を入力した状態

▼スケッチを完成させた状態

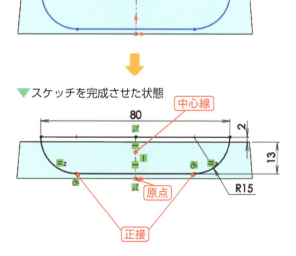

113

Chapter.3　部品のモデリング

 押し出しボス/ベース

スケッチ2を**距離10mm上方向**に押し出します。このとき、マージのチェックは外してください。

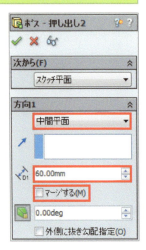

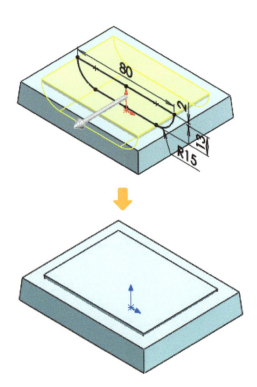

 組み合わせ

<除去>にチェックして、<メインボディ>ボス-押し出し1から、<組み合わせるボディ>ボス-押し出し2を除去します。

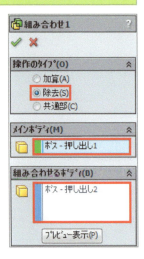

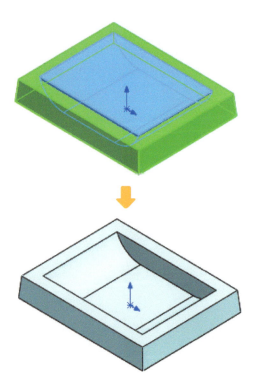

参考　組み合わせ時の注意

　組み合わせは、ボディが存在しないと、コマンドを選択できません。
　フィーチャーで、マージのチェックが外してあることを確認してください。

3.5 せっけん台のモデリング

❸ 水抜き穴の形状作成

 スケッチ3

下図の面にスケッチ

[ストレートスロット]で、大きさ35mm×5mmを入力します。次に、[幾何拘束]で原点とスロットの中心を水平にした後、[スマート寸法]を入力します。

▼入力したスロット形状（裏面から表示）

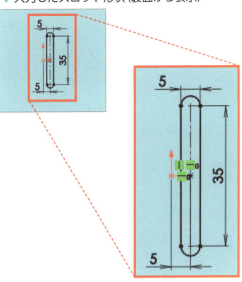

押し出しカット

スケッチ3を<全貫通>で押し出しカットします。

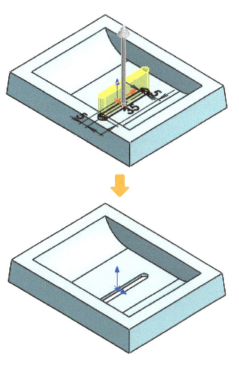

115

直線パターン

<方向1> に下図の底面のエッジを選択して、**間隔10mm**、**インスタンス数3個**で**カット-押し出し1**をコピーします。同様に、**<方向2>** に同じエッジを選択して、**間隔10mm**、**インスタンス数4個**で**カット-押し出し1**をコピーします。このとき、**シードのみパターン化**をチェックしてください。

選択する底面のエッジ

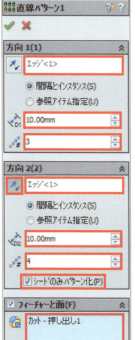

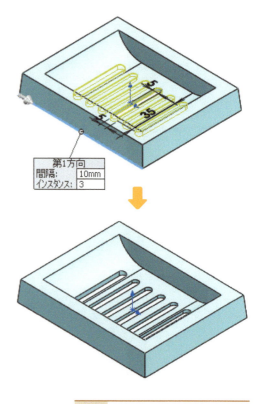

第1方向
間隔: 10mm
インスタンス: 3

参考

直線パターンの合致で「フィーチャーと面」のパラメータがないバージョンでは、そのまま実行してください。

参考 平面から見た状態

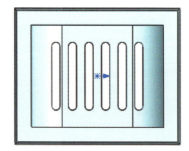

3.5 せっけん台のモデリング

❹ 外枠の形状加工

フィレット

フィレットタイプ:

下図の2つのエッジを選択して、**<可変フィレット>** で、上側の半径**5mm**、下側の半径**1mm**を入力します。

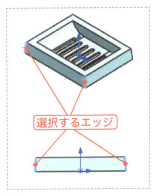

ここでは、手前側2つのエッジにフィレットを作成して、次の操作でミラーコピーしています。周囲4つのエッジにフィレットを作成しても構いません。また、1つのエッジにフィレットを作成して円形パターンでコピーしても構いません。

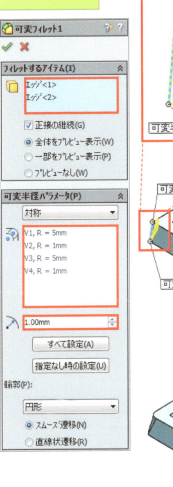

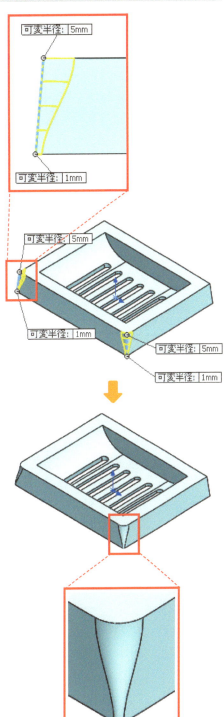

117

ミラー

<ミラー面>に正面を選択して、**可変フィレット1**をミラーコピーします。このとき、**ジオメトリパターン**をチェックしてください。

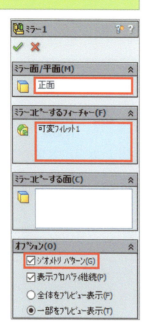

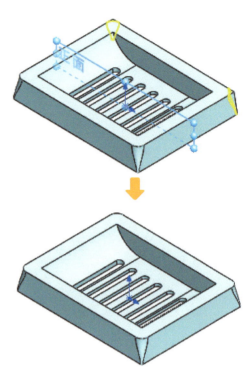

フィレット

フィレットタイプ:

上面を選択して、**半径2mm**で作成します。

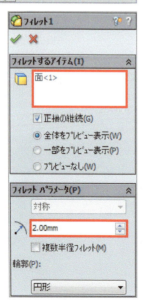

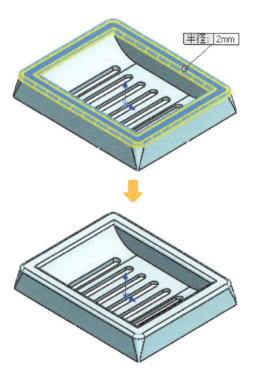

3.5 せっけん台のモデリング

 column **せっけん台の軽量化**

　ここでは、作成したせっけん台を軽量化してみます。簡単な方法としては、裏面からシェルを実行すれば軽くなります。また、せっけん台としての機能に支障がない程度に周囲をカットするのも有効でしょう。

　実際の設計でも、材料コストを減らすために軽量化を行うことがあります。ただし、製造工程が増えたり金型の作成が大変になったりして、逆にコストアップになる場合もありますので注意しましょう。また、デザインとしてあまり好ましくないといったことにならないようにも注意してください。

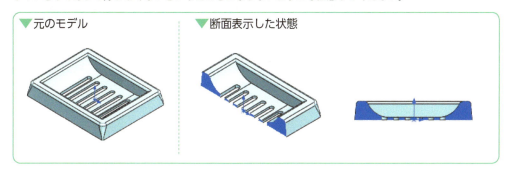

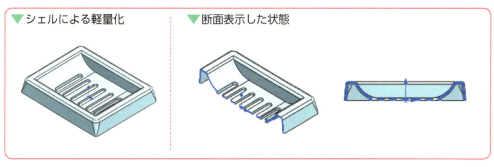

【練習問題】

せっけんの大きさや形を想定して、オリジナルのせっけん台をモデリングしてください。

Chapter.3　部品のモデリング

3.6　ミニボトルのモデリング

　3次元モデルの作成方法には、ソリッドモデリングとサーフェスモデリングがあります。サーフェスモデリングとは、面を作成して繋ぎ合わせる方法です。その後、ソリッド化や厚みを付けることでモデルを完成させます。ここでは、ミニボトルのサーフェスモデリングを説明します。

> 参考　サーフェスコマンドには、ソリッドモデリングと同様に押し出しやカット、回転、ロフト、サーフェスなどが準備されています。

● 完成イメージ

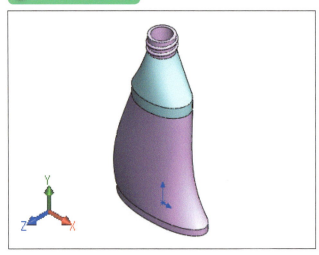

● モデリング手順

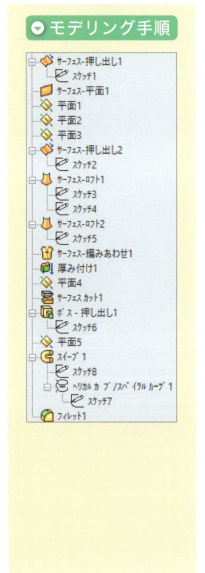

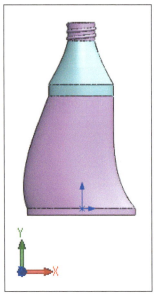
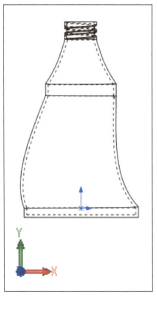

3.6 ミニボトルのモデリング

❶ 底部の作成

 スケッチ1

[平面] にスケッチ

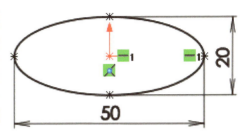

[楕円] で、原点を中心として長径50mm、短径20mmを入力します。次に、[幾何拘束] で<水平>を入力します。

 サーフェス-押し出し

メニュー：
[挿入]→[サーフェス]→[押し出し]

スケッチ1を選択して、距離3mmで下方向に押し出します。

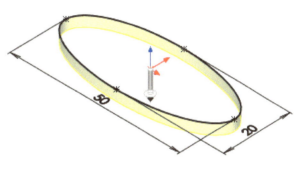

POINT 楕円の拘束

[楕円] は入力した時点では、傾いて表示されるため、[幾何拘束] で<水平>か<鉛直>を入力する必要があります。傾ける場合は、[スマート寸法] で角度を入力します。楕円弧の場合も同様の操作になります。

▼未拘束の場合　　　　▼水平で拘束した場合　　　▼角度寸法を入力した場合

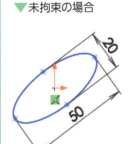 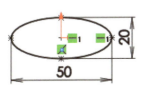 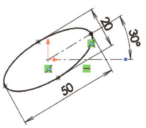

❷ 底面の作成

 平坦なサーフェス

メニュー：
[挿入]→[サーフェス]→[平坦なサーフェス]

エッジ1を選択して、平らなサーフェスを作成します。

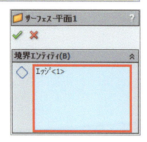
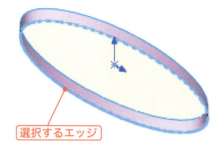

選択するエッジ

❸ ボトル本体部のための平面作成1

 参照ジオメトリ／平面

<第1参照>に平面（デフォルト平面）を選択して、距離50mmの新しい平面を作成します。

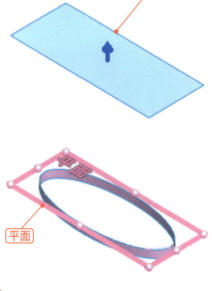

平面1

平面

 参照ジオメトリ／平面

同様に、距離70mmで平面2を、距離75mmで平面3を作成します。

平面からの距離 75mm ─ 平面3
70mm ─ 平面2
50mm ─ 平面1

作成する平面

サーフェス-押し出し1　平面

④ ボトル本体部の作成1（下部）

 スケッチ2

[平面1]にスケッチ

[楕円]で、原点を中心として長径30mm、短径20mmを入力します。次に、[幾何拘束]で原点と長径の端点を<水平>にします。

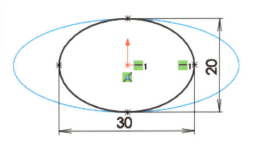

 サーフェス-押し出し

メニュー：
[挿入]→[サーフェス]→[押し出し]

スケッチ2を選択して、距離5mmで上方向に押し出します。

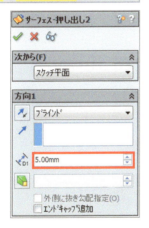

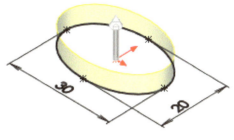

 スケッチ3

[平面2]にスケッチ

[円]で、原点を中心として直径15mmを入力します。

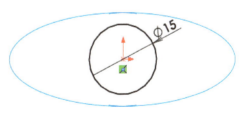

Chapter.3 部品のモデリング

 スケッチ4

[平面3]にスケッチ

[円]で、原点を中心として直径12mmを入力します。

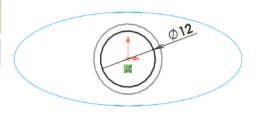

▼スケッチ作成後の状態

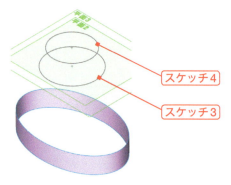

❺ ボトル本体部の作成2（上部）

 ロフトサーフェス

メニュー：
[挿入]→[サーフェス]→[ロフトサーフェス]

図のように**エッジ**と**スケッチ3**、**スケッチ4**を**順番に選択**して、ロフトサーフェスを作成します（ハンドルドラッグで移動しても構いません。図と同じにするには、デザインツリーから選択してください）。

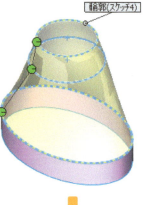

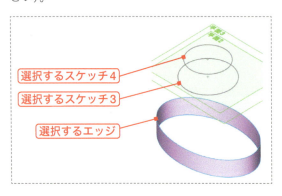

❻ ボトル本体部の作成3（中間部）

スケッチ5

[正面]にスケッチ

右図のように[スプライン]を入力します。次に、[幾何拘束]で<貫通>を入力し、[スマート寸法]で完成させます。

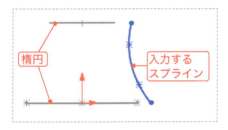

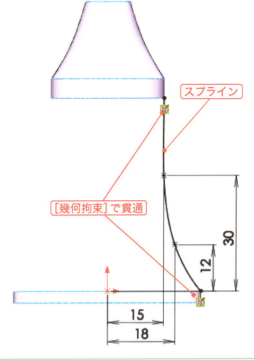

POINT 貫通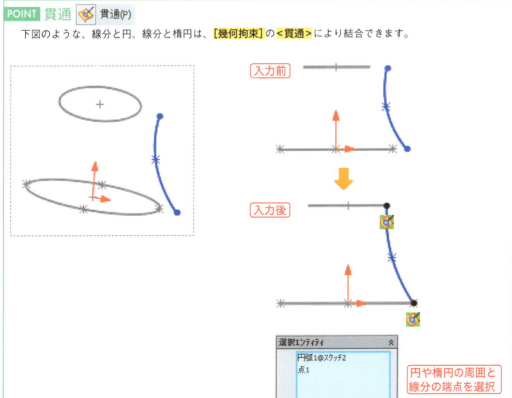

下図のような、線分と円、線分と楕円は、[幾何拘束]の<貫通>により結合できます。

125

Chapter.3 部品のモデリング

 ロフトサーフェス

メニュー：
[挿入]→[サーフェス]→[ロフトサーフェス]

<輪郭>に2つのエッジを選択し、<ガイドカーブ>にスケッチ5を選択して、ロフトサーフェスを作成します。

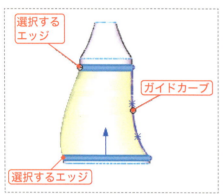

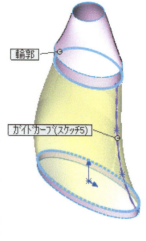

▼断面表示の状態

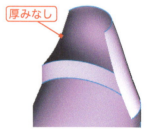

❼ サーフェスを編みあわせる

 サーフェスの編みあわせ

メニュー：
[挿入]→[サーフェス]→[サーフェスの編みあわせ]

作成したサーフェスをデザインツリーから編み合わせ**サーフェス面（複数）**を選択して、編みあわせを行います。選択は、右図のパネル内を参照してください。

エラーになる場合は、<隙間コントロール>の**編みあわせの公差の値を大きく**してください。

❽ ボトルの厚み付け（サーフェス面の厚み付け）

 厚み付け

メニュー：
[挿入]→[ボス/ベース]→[厚み付け]

<厚み付けパラメータ> に **サーフェス編みあわせ1** を選択して、**厚み1.2mm** を入力します。厚みの種類はパネルと同様にして、**<結果のマージ>** にチェックを入れてください。

▼断面表示の状態

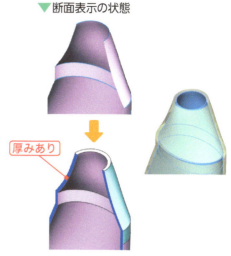

厚みあり

❾ ボトルそそぎ口（キャップとのはめ合い部分）の作成

 参照ジオメトリ

<第1参照> に平面3を選択して、**距離1mm** を入力して新しい平面を作成します。

作成済みのロフトサーフェスの状態によっては、距離を変更する必要があります。

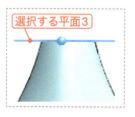
選択する平面3

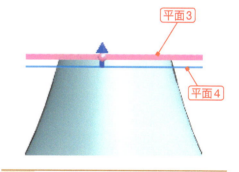
平面3
平面4

参考　上部はくぼんだ状態になっていて、数mmカットして平らな状態にします。

▼断面の状態　　▼ワイヤフレームでの表示状態

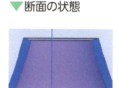 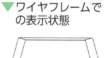

 サーフェスカット

メニュー：
[挿入]→[カット]→[サーフェス使用]

[サーフェス使用] で、平面4を選択して、上部の一部をカットします。カットの**方向に注意**してください。

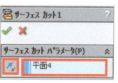

平面4の上方向がカットされる

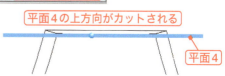
平面4

Chapter.3　部品のモデリング

スケッチ6

[平面4]にスケッチ

[エンティティ変換]で、右図の2つの円を入力します。

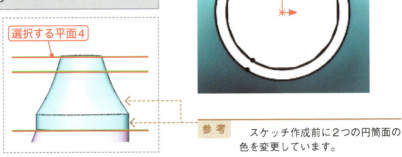

選択する平面4

参考　スケッチ作成前に2つの円筒面の色を変更しています。

押し出しボス/ベース

スケッチ6を、距離8mm上方向に押し出します。

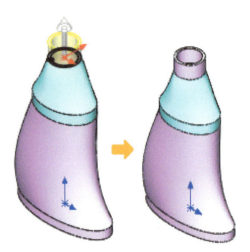

❿ そそぎ口のためのキャップとのはめ合い部の加工（凸部作成）

参照ジオメトリ／平面

[参照ジオメトリ]で[平面]を選択してコマンドを起動します。<第1参照>に平面（デフォルト平面）を選択し、距離80mmを入力して、新しい平面を作成します。

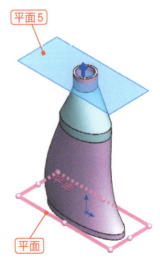

平面5

平面

3.6 ミニボトルのモデリング

 スケッチ7

[平面5]にスケッチ

[円]で、原点を中心として、直径12mmで入力します。

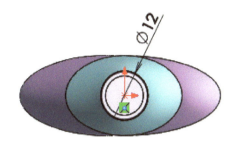

 ヘリカル／スパイラル

メニュー：
[挿入]→[カーブ]→[ヘリカルとスパイラル]

スケッチを選択して、[ヘリカルとスパイラル]コマンドを起動します。パラメータは、パネルのとおりに選択、入力します。

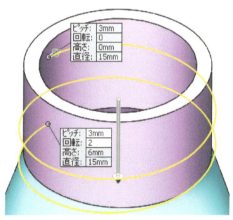

 スケッチ8

[正面]にスケッチ

[円]で、直径1.5mmを入力します。原点と円の中心間距離を7.5mm、上面からの距離を1mmにします。

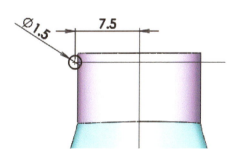

Chapter.3 部品のモデリング

 スイープ

<輪郭>にスケッチ8、**<パス>**にヘリカル/スパイラルカーブ1を選択して、スイープ形状を作成します。

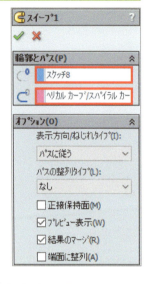

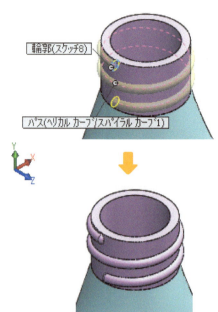

フィレット

フィレットタイプ：

下図に示すように、**2つのエッジ**を選択して、**半径0.5mm**のフィレットを作成します。

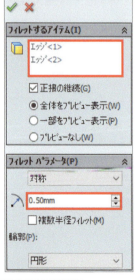

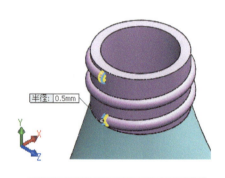

参考 断面表示した状態

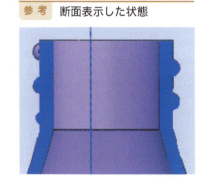

3.6 ミニボトルのモデリング

column レンダリングの手順

作成したミニボトルをレンダリングします。レンダリングの操作は以下のような手順となりますが、オプション設定などを変更しながら、いろいろと試してみてください。

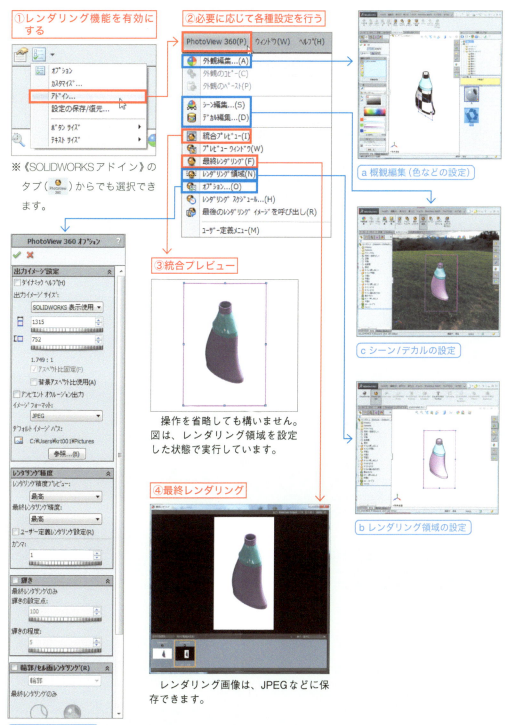

Chapter.3　部品のモデリング

最後に、このモデルをレンダリングした結果を紹介します。

| レンダリング実行前 | レンダリング実行後 |

【練習問題】

● ミニボトル用のキャップ（蓋）を作成してください。

● サーフェスコマンドを使用して、オリジナルペットボトルのモデリングを行ってください。

Chapter. 4
アセンブリのモデリング

※フタを被せた状態

Contents

4.1	ケースのアセンブリモデル	P.134
4.2	軸受のアセンブリモデル	P.156
4.3	スライド機構のアセンブリモデル	P.179
4.4	リンク機構のアセンブリモデル	P.190

Chapter.4 アセンブリのモデリング

4.1 ケースのアセンブリモデル

　本体とフタ、内部に仕切板2枚の全部で4部品で構成するケースのアセンブリのモデリングを説明します。大きさは、横幅70mm、奥行き50mm、高さ28mmで、薬などを入れるケースを想定しています。

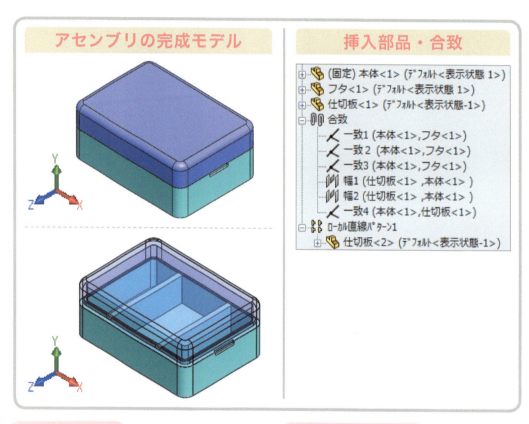

アセンブリの完成モデル

挿入部品・合致

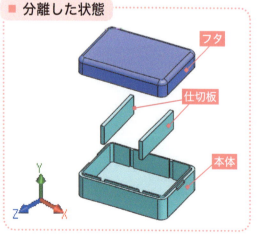

■ 分離した状態

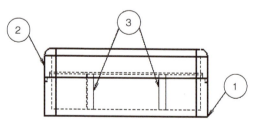

■ 部品番号と部品名

部品番号	部品名	個数
1	本体	1
2	仕切板	2
3	フタ	1

4.1 ケースのアセンブリモデル

4.1.1 本体のモデリング

　本体部分のモデリングになります。大きさは、70mm × 50mm × 17.5mmです。フタとの結合部分は、高さ1.5mm、幅1.0mmとしています。また、フタを取り外しやすいように両側2カ所に爪が入る大きさでカットしてあります。

● 完成イメージ

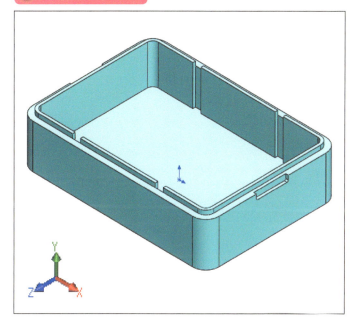

● 操作手順

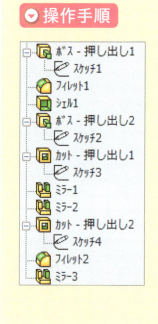

❶ ベース部分の作成

 スケッチ1

[平面]にスケッチ

　[矩形中心]で、原点を中心として大きさ70mm × 50mmで入力します。

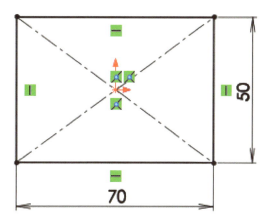

Chapter.4 アセンブリのモデリング

押し出しボス/ベース

スケッチ1を**距離16mm上方向**に押し出します。

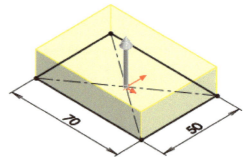

フィレット

フィレットタイプ：

ボス-押し出し1の**側面の周囲4カ所のエッジ**を選択して、**半径5mm**で作成します。

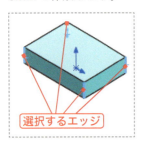

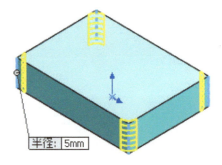

シェル

ボス-押し出し1の**上面**を選択して、**厚み3mm**でくり抜きます。

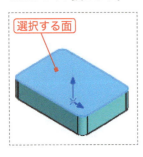

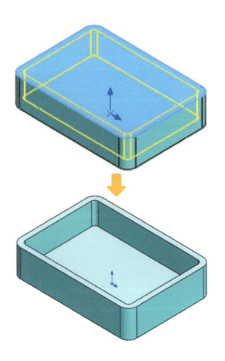

❷ 噛み合わせ部分の作成

スケッチ2

下図の面にスケッチ

[エンティティ変換]でエッジを変換した後、[エンティティオフセット]し、図のように**2つの閉じた輪郭**を入力します。

スケッチ面

▼スケッチする2つの輪郭

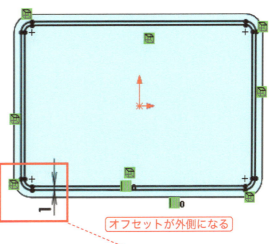

オフセットが外側になる

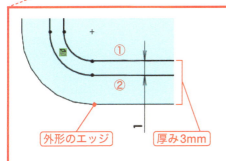

外形のエッジ　厚み3mm

①の輪郭
図の面を選択して[エンティティ変換]します。

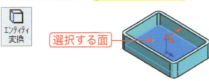

選択する面

②の輪郭
①のエッジを選択して、**オフセット距離1mm**にします。
このとき、**<チェーン選択>**をチェックしてください。

Chapter.4 アセンブリのモデリング

 押し出しボス/ベース

スケッチ2を**距離1.5mm上方向**に押し出します。

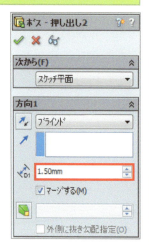

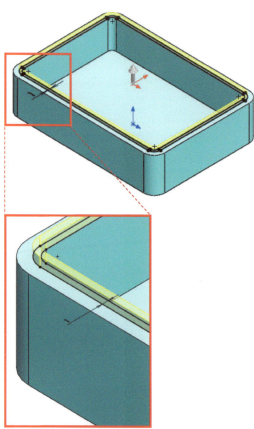

❸ 仕切板の差し込み部分の作成

 スケッチ3

下図の面にスケッチ

[矩形コーナー] で、大きさ**3mm×1mm**で入力します。その後、**[スマート寸法]** で右図のように寸法を入力します。

▼スケッチする矩形（平面から表示）

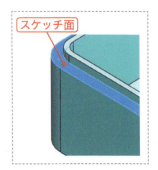

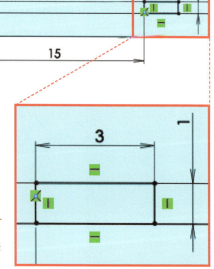

参考 矩形を直線に合わせて入力すると1mmの寸法は省略できます。

138

押し出しカット

スケッチ3を**<方向1>**に**<端サーフェス指定>**で、**<方向2>**に**<次サーフェスまで>**で押し出しカットします。

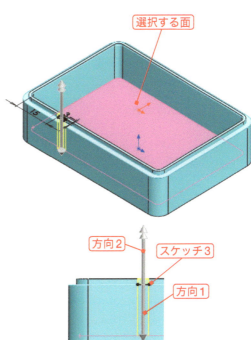

 ミラー

<ミラー面/平面>に**正面**を選択して、**カット-押し出し1**をコピーします。

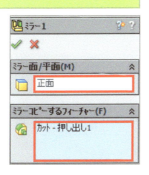
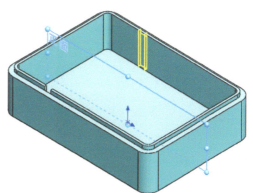

 ミラー

<ミラー面/平面>に**右側面**を選択して、**ミラー1**をコピーします。

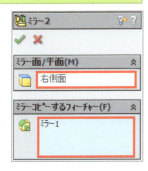
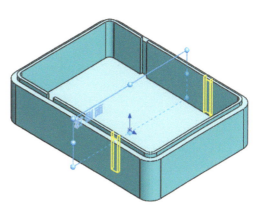

Chapter.4　アセンブリのモデリング

❹ フタと爪の結合部分（引っ掛かり部分）の作成

 スケッチ4

下図の面にスケッチ

[矩形コーナー]で**大きさ12mm×2mm**を入力します。**中心は原点と鉛直**にします。

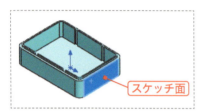

スケッチ面

▼スケッチ形状

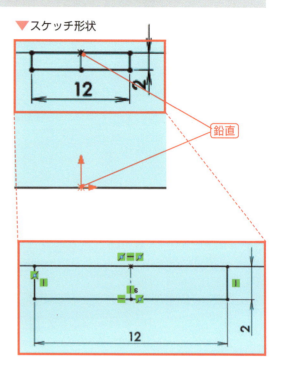

鉛直

参考　フタと爪の深さについて

　このモデルは、爪の深さを2mmとしてフタとの引っ掛かる部分としています。このようなモデルの場合は、ケースの大きさや形によって深さや幅を決めてください。あまり爪の深さがあると開けにくくなりますので注意してください。

 押し出しカット

　スケッチ4を**距離1mm内側方向**に押し出しカットします。

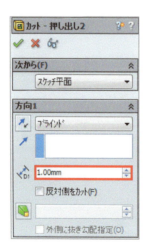

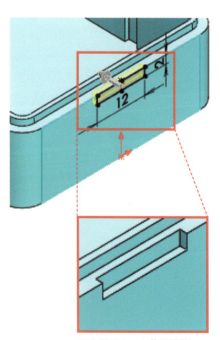

※上図はカット後の状態

フィレット

フィレットタイプ：

カット-押し出し2の**2つのエッジ**を選択して、**半径0.5mm**で作成します。

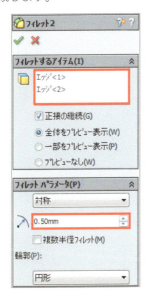
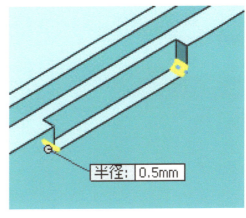

ミラー

<ミラー面/平面>に**右側面**を選択して、**カット-押し出し2**、**フィレット2**をコピーします。

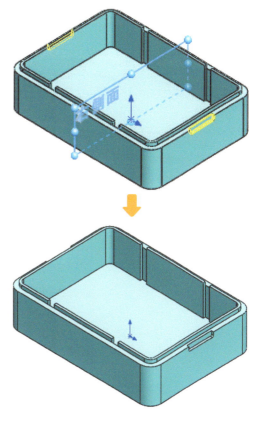

Chapter.4 アセンブリのモデリング

4.1.2 仕切板のモデリング
ケースのアセンブリモデル

　仕切板は、挿入・取出しのクリアランス（隙間）を考え、縦・横・高さともに0.2mmほど小さく作成してます。設計段階で、クリアランスをどの程度確保するかは、ケースの大きさ、用途、材質、製造するマシンなどによって決める必要があります。クリアランスが小さすぎると仕切板の取り出しがきつくなり、大きすぎると内部でガタつきますので、注意が必要です。

● 完成イメージ

● 操作手順
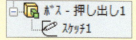

❶ 仕切板の作成

スケッチ1

[正面]にスケッチ

[矩形コーナー]で原点をクリックし、右上をクリックして**大きさ45.8mm×14.3mm**で入力します。

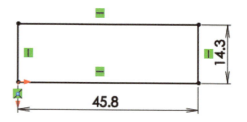

参考 本体とのクリアランス

挿入エリアから横0.2mm（左右各0.1mm）、縦0.2mm（上下各0.1mm）のクリアランスを確保することになります。

押し出しボス/ベース

　スケッチ1を**距離2.8mm奥側方向**に押し出します。

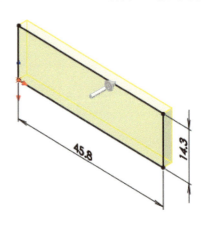

4.1.3 フタのモデリング

ケースのアセンブリモデル

フタは、本体と同じ大きさで作成します。本体との結合部分は、下図の断面表示のように内側周囲をカットします。

◉ 完成イメージ

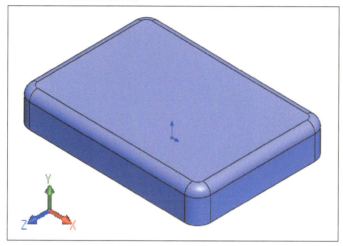

◉ 操作手順

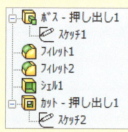

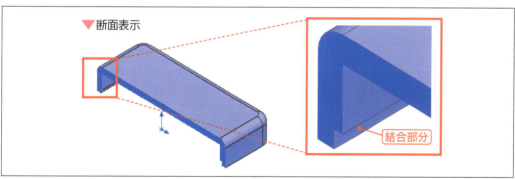

▼断面表示　結合部分

❶ フタベース部の作成

✎ スケッチ1

[平面]にスケッチ

[矩形中心]で、原点を中心として、大きさ70mm×50mmで入力します。

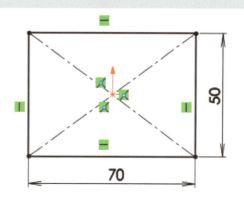

Chapter.4 アセンブリのモデリング

 押し出しボス/ベース

スケッチ1を**距離12mm上方向**に押し出します。

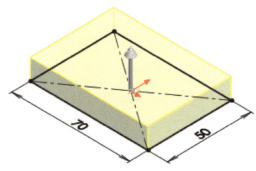

 フィレット

フィレットタイプ：

ボス-押し出し1の**エッジ4カ所**を選択して、**半径5mm**で作成します。

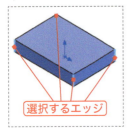
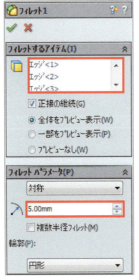
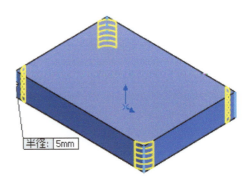

フィレット

フィレットタイプ：

ボス-押し出し1の**上面**を選択して、**半径3mm**で作成します。

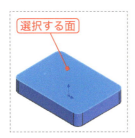
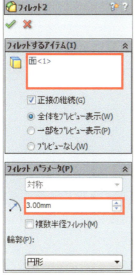
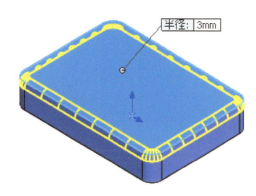

シェル

ボス-押し出し1の**底面**を選択して、**厚み3mm**で内部をくり抜きます。

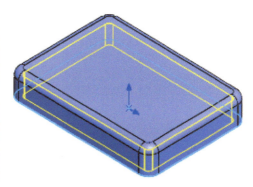

Chapter.4 アセンブリのモデリング

❷ 噛み合わせ部分の作成

 スケッチ2

下図の面にスケッチ

[エンティティ変換]、[オフセット]により、**2つの閉じた輪郭**を入力します。

スケッチ面

▼スケッチする2つの輪郭（底面から表示）

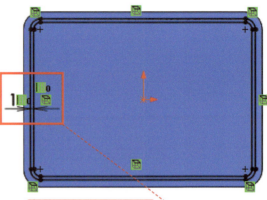
オフセットが外側になる

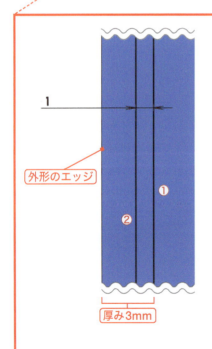
外形のエッジ
厚み3mm

①の輪郭
図の面を選択して[エンティティ変換]します。

選択する面

②の輪郭
①のエッジを選択して、オフセット距離**1mm**にします。このとき、**<チェーン選択>**をチェックしてください。

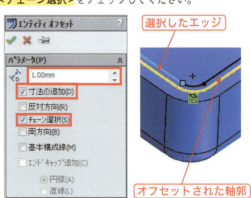
選択したエッジ
オフセットされた輪郭

146

4.1 ケースのアセンブリモデル

 押し出しカット

スケッチ2を**距離2mm上方向**に押し出しカットします。

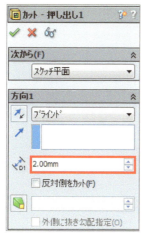

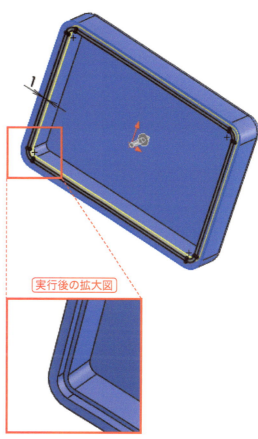

実行後の拡大図

147

4.1.4 ケースのアセンブリモデル アセンブリ（合致）＆検証

❶ アセンブリファイルを開く

まずは、コマンドからアセンブリファイルを開きます。

 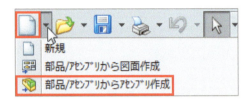

新規を選択したときは、以下のアイコンで開きます。

ファイルを開いた後のアセンブリ操作の大まかな流れは以下になります。

構成部品の挿入 → 合致 → 干渉確認 → クリアランス検証

アセンブリのモデルを作成するには、構成部品の挿入と合致です。アセンブリモデルに対して、穴形状の作成、モデルの部分カット、フィレット・面取りなどの加工を施すこともできます（アセンブリフィーチャー）。

合致は、部品と部品の繋がりを入力することになります。結合の長い連鎖やループしているような合致は矛盾を生じやすくなりますので避けてください。ユニット化できるものは、サブユニットとしてモデリングしてサブアセンブリで合致するようにしてください。合致入力の軽減や、合致の矛盾や単純ミスの軽減、アレンジ設計のユニットの流用などの作業容易化につながります。また、アセンブリ内の作業としては、直線パターンなどの活用してください。

下記に5部品のアセンブリ例を示します。この程度の部品数であればどちらで作業してもあまり変わりませんが、部品点数が多いほどサブユニット（サブアセンブリの利用）は必要になります。

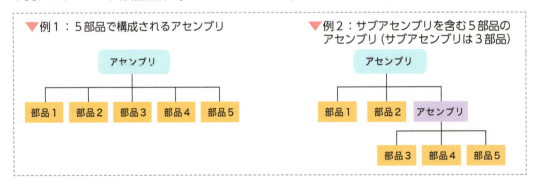

▼例1：5部品で構成されるアセンブリ　　▼例2：サブアセンブリを含む5部品のアセンブリ（サブアセンブリは3部品）

干渉確認（干渉チェック）や**クリランス検証（隙間測定）**などの評価作業は、実作業でも必ずやっていただきたい項目です。また、アセンブリ完成のときだけでなく作業しながら必要に応じて実行してください。なお、本書の記述では、主に合致操作を解説しています。干渉確認やクリアランス検証を省略している部分もあります。

❷ 構成部品の挿入

挿入する部品は、本体、フタ、仕切板になります。挿入時点では、本体を固定させ、フタと仕切板は移動できる状態にします。

 構成部品の挿入

❸ 本体とフタの合致

合致順序は、本体とフタの合致をした後、仕切板の合致を行います。以下の3つの合致により本体にフタを固定させます。合致する順番は変えても問題ありません。特に記述のない合致は、**標準合致**になります。

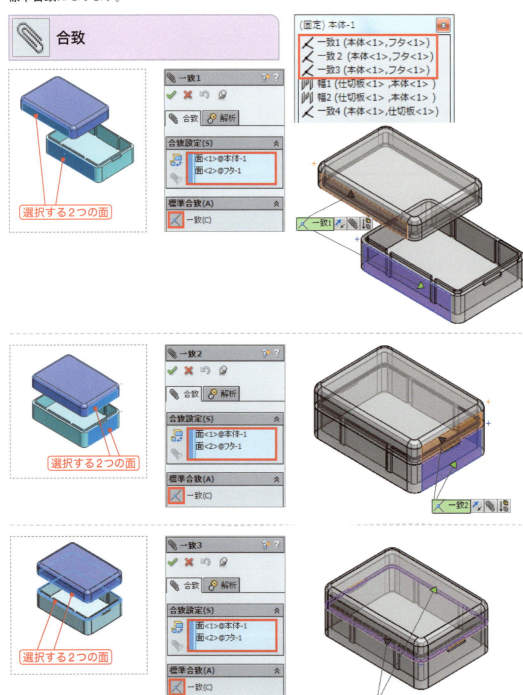

4.1 ケースのアセンブリモデル

POINT 合致の選択

合致は操作のときに表示される下図のパネルからも選択できます。

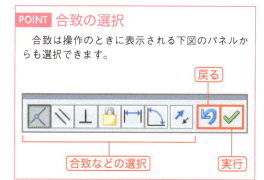

POINT エッジによる合致

面と面での合致のほか、エッジによる合致もできます。

POINT 合致の表示(確認)

部品の一部をクリックすると、状況依存ツールバーが表示され、**[合致の表示]**により、入力されている合致が表示・確認できます(デザインツリーの部品名をクリックでも可能です)。
本書では、この状態の表示画像を掲載しています。

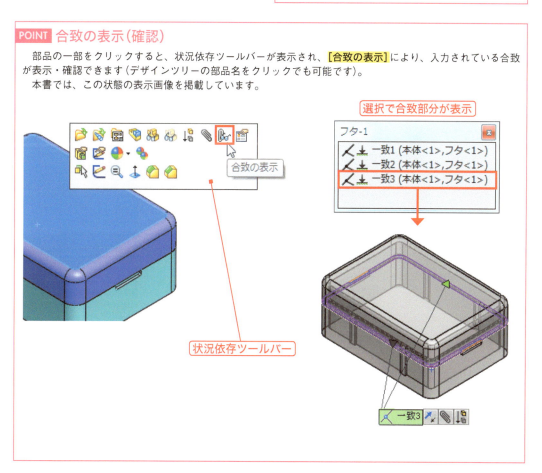

151

Chapter.4 アセンブリのモデリング

❹ 本体と仕切板の合致

以下の3つの合致で、本体に仕切板を固定させます。合致する順番は変えても問題ありません。

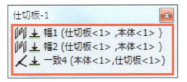

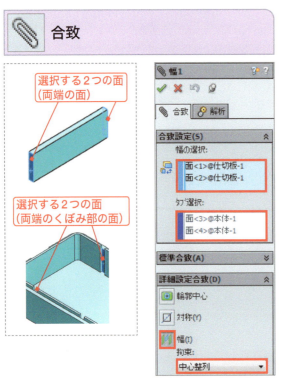

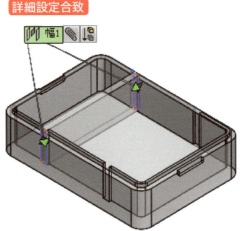

詳細設定合致

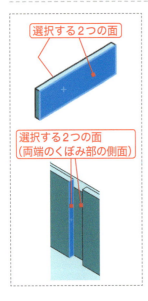

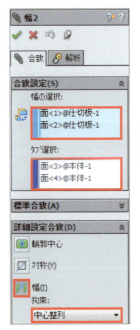

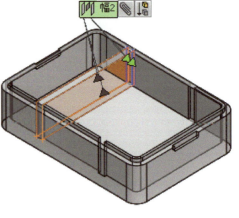

詳細設定合致

参考 幅合致を利用していますが、溝部の側面からの距離<距離 合致>でも構いません。また、詳細設定合致の幅合致がないバージョンでは、<距離 合致>で対応してください。

4.1 ケースのアセンブリモデル

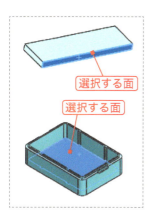
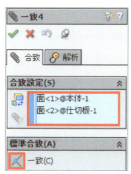
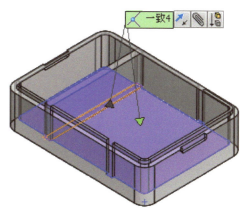

❺ 仕切板の追加

ここで、**構成部品**の**パターン**により仕切板を追加します。この場合、合致操作は必要ありません。

直線パターン

[**直線パターン**]で、<**方向1**>に**X方向**の**エッジ**を選択して、間隔31mm、コピー数2を入力して、**仕切板**をコピーします。

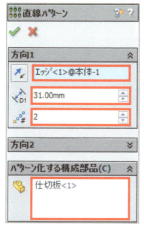
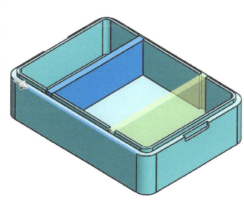

POINT 構成部品のパターン

アセンブリ内で構成部品をパターンコピーできます。具体的には、《アセンブリ》タブにある[**構成部品パターン**]から実行できます。部品モデル作成のパターンと同様のコマンドが準備されています。

POINT 構成部品の挿入（コピー）

デザインツリーのフィーチャー名をクリックして、Ctrl キーを押しながら画面上にドラッグするとコピーができます。

ケースモデルの仕切板のように少ない数であれば、パターンを利用せず、コピーして合致する操作でも構いません。

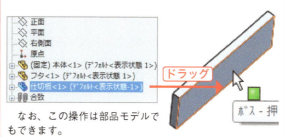

なお、この操作は部品モデルでもできます。

❻ 検証

[**干渉確認**]（干渉チェック）及び [**クリアランス検証**]（間隔確認）で各部品の結合状態を確認してください。干渉確認では、一致している面なども確認できますので実行してください。干渉部分がある場合は、その部品モデルを修正して、改めて [**干渉確認**] を実行してください。

 干渉確認

《評価》タブに切り替え、[**干渉認識**] を起動します。<**計算**>をクリックすると、結果に状態が表示されます。

このように**干渉部分なし**であることを確認する

この場合は、**透明**の表示を選択

参考　オプション指定により、一致する部分を確認する

本体とフタが一致していることを確認できる

POINT　アセンブリモデルからで部品を開く

部品の一部をクリックして右図のアイコンを選択すると、部品が開きます。

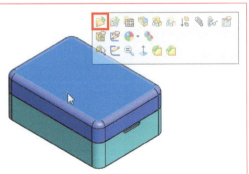

クリアランス検証

《評価》タブに切り替えて、**[クリアランス検証]** を実行します。**本体**と**仕切板**を選択して**<計算>**をクリックします。この場合は、底面が一致していますので、結果にも一致している状況が確認できます。

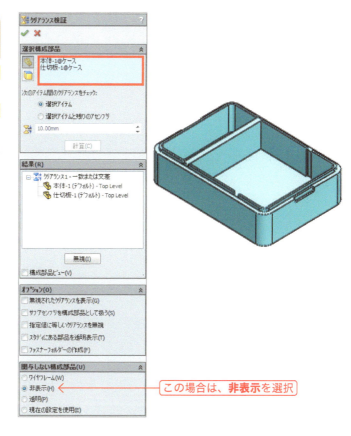

この場合は、**非表示**を選択

column eDrawingの活用

ここでは、ビューワーソフト（eDrawing）でデータを変換してみます。変換したデータはサイズが小さくなり、SOLIDWORKS本体がなくても構造が確認できます。

操作手順は、モデルをeDrawing形式（～.easm）で保存します。次にeDrawingでファイルを開きます。

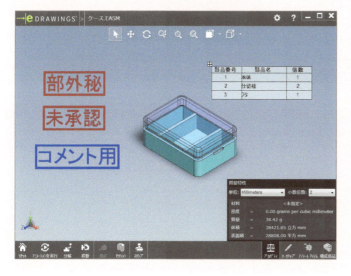

▼主な機能
- 計測
- 断面表示
- コメント入力
- 分解
- アニメーション表示　etc.

参考　部品モデルの場合、ファイル形式（拡張子）は～.eprtになります。

4.2 軸受のアセンブリモデル

Chapter.4 アセンブリのモデリング

　軸受機構のアセンブリモデルを説明します。組み立て式の簡易的なモデルになります。軸やピンの部品は結合部分のクリアランスを確保しています。ピンと軸は、回転しますので完全拘束にはしていません。

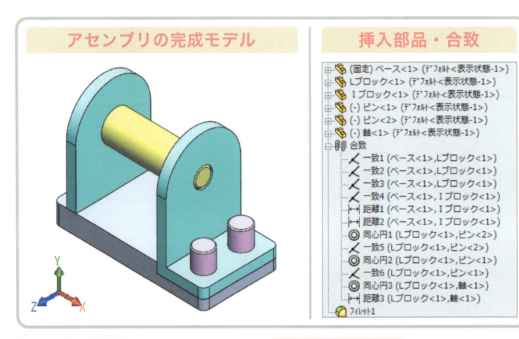

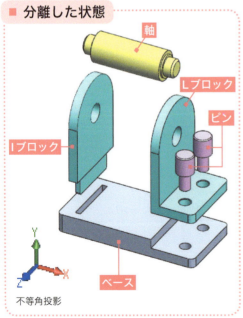

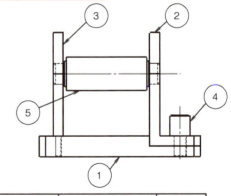

部品番号	部品名	個数
1	ベース	1
2	Lブロック	1
3	Iブロック	1
4	ピン	2
5	軸	1

4.2.1 ベース部品のモデリング
軸受のアセンブリモデル

ベースモデルを説明します。この後に作成するLブロックやIブロックと結合します。モデリングは、1つのスケッチから輪郭選択してフィーチャーを作成しています。

● 完成イメージ

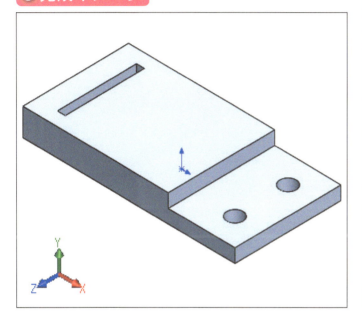

● 操作手順

輪郭選択でフィーチャー作成。また、スケッチを共有している

❶ ベースの作成

 スケッチ1

[平面]にスケッチ

右図のようにスケッチを作成します。**外形（輪郭）は矩形、内部に1つの矩形と2つの円**を入力します。また、右端から25mmの位置に**直線**を入力します。スケッチの作成手順は記述しませんので、寸法、幾何拘束や完成モデルを参考にしてください（次頁以降のフィーチャー作成は、輪郭選択で行います）。

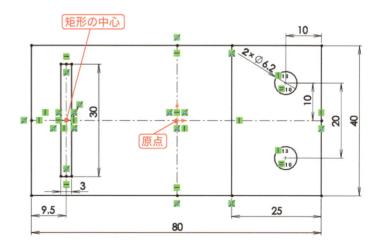

Chapter.4　アセンブリのモデリング

 押し出しボス/ベース

スケッチ1を**<輪郭選択>**で矩形のエッジを選択して、距離10mm上方向に押し出します。

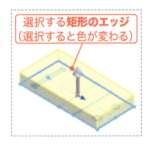

選択する**矩形のエッジ**
（選択すると色が変わる）

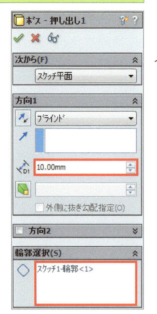

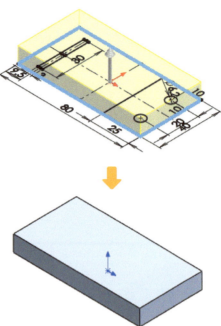

 押し出しカット

スケッチ1を、**<次から>**のパラメータを**<オフセット>**、10mmに指定し、**<輪郭選択>**で矩形と2つの円を選択して、距離5mm下方向に押し出しカットします（回転して裏面から選択すると操作しやすくなります）。

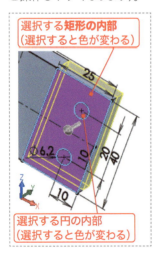

選択する**矩形の内部**
（選択すると色が変わる）

選択する**円の内部**
（選択すると色が変わる）

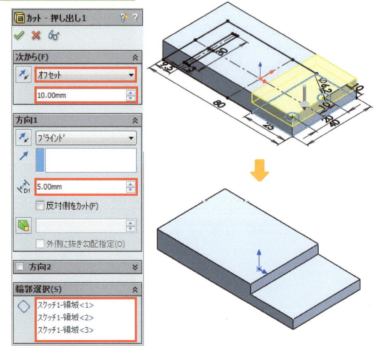

参考　輪郭選択の方法については、P.88を参照してください。

158

4.2 軸受のアセンブリモデル

 押し出しカット

スケッチ1を**<輪郭選択>**で**2つの円と矩形**を選択して、**<全貫通>**で押し出しカットします。カット方向が異なる場合は、方向のアイコンをクリックしてください。

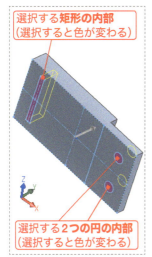

選択する**矩形の内部**
（選択すると色が変わる）

選択する**2つの円の内部**
（選択すると色が変わる）

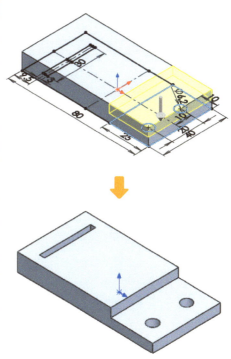

Chapter.4　アセンブリのモデリング

4.2.2　Lブロック部品のモデリング
軸受のアセンブリモデル

　本体と結合するLブロックのモデリングを説明します。Lブロックは、2つのピンを差し込み、ベース部分に固定されます。

🔽 **完成イメージ**

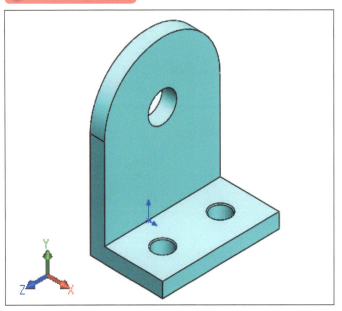

🔽 **操作手順**

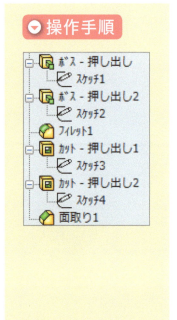

❶ 底部分の作成

 スケッチ1

［平面］にスケッチ

　［矩形コーナー］で、左エッジの中点を原点として、**大きさ25mm×40mm**で入力します。**［幾何拘束］**で、原点に左エッジを選択して**＜中点＞**にしてください。

4.2 軸受のアセンブリモデル

 押し出しボス/ベース

スケッチ1を**距離5mm上方向**に押し出します。

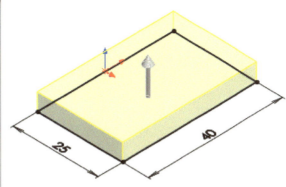

❷ 高さ部分の作成

 スケッチ2

下図の面にスケッチ

[矩形コーナー]で、エッジの端点と反対側のエッジの上点をクリックして入力します。次に、[スマート寸法]で幅5mmを入力します。

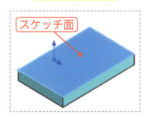
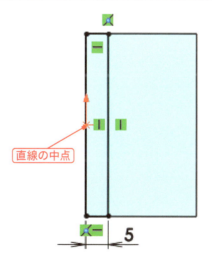

 押し出しボス/ベース

スケッチ2を**距離50mm上方向**に押し出します。

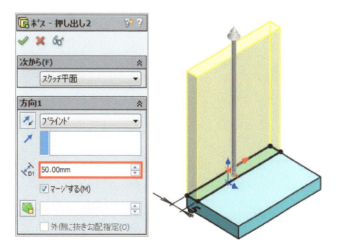

Chapter.4　アセンブリのモデリング

　フィレット

フィレットタイプ：

　ここでは、<フルラウンドフィレット>を利用します。下図のように**3つの側面**を選択します（選択する面の順番を間違えないように、パネルの色で判断してください）。

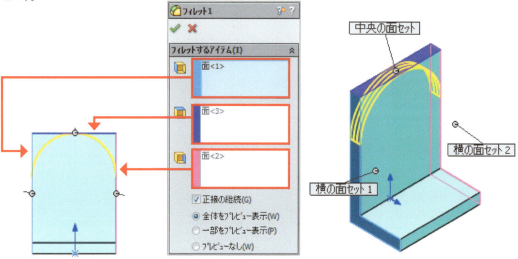

※バージョンによって表示が異なりますが、指定する内容は変わりません。

❸ 軸用の穴作成

　スケッチ3

下図の面にスケッチ

　[円] で、**直径10.2mm** を入力します。次に、**[幾何拘束]** で**<同心円>**を入力します。周囲0.1mmのクリアランスを確保することになります。

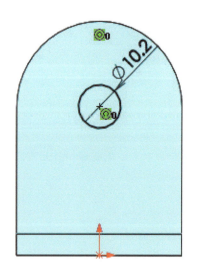

押し出しカット

スケッチ3を**<全貫通>**で奥側方向に押し出しカットします。

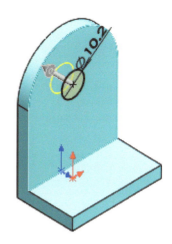

> **参考** Lブロックと軸のクリアランス
>
> このモデルと軸部品のクリアランスは0.1mmになります。

❹ ピン用の穴作成

 スケッチ4

下図の面にスケッチ

[円]で、**直径6.2mm**で**2つ**入力します。**[中心線]**を利用して右図のように作成します（**[エンティティのミラー]**を利用しても構いません）。

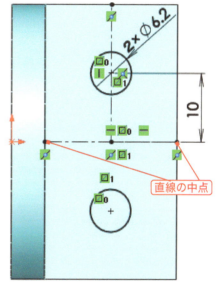

 押し出しカット

スケッチ4を**<全貫通>**で下方向に押し出しカットします。

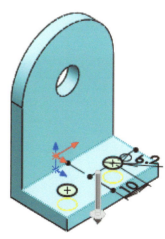

> **参考** Lブロックとピンのクリアランス
>
> このモデルとピン部品のクリアランスは、0.1mmになります。

Chapter.4 アセンブリのモデリング

 面取り

下図に示す**2つ穴のエッジ**を選択し、**<角度 距離>**をチェックして、**距離0.3mm**、**角度45deg**で作成します。

選択する2つのエッジ

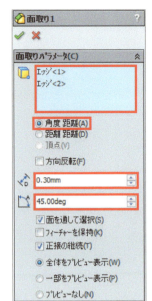

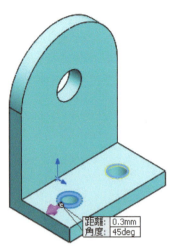

距離：0.3mm
角度：45deg

4.2 軸受のアセンブリモデル

4.2.3 軸受のアセンブリモデル
Iブロック部品のモデリング

Iブロックのモデリングを説明します。ベース部分に差し込んで固定します。

● 完成イメージ

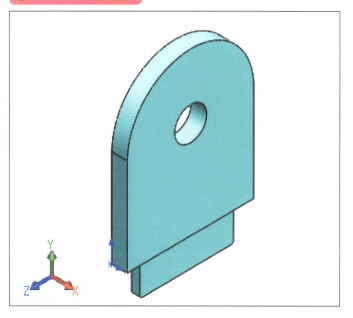

● 操作手順

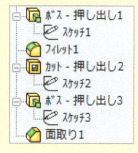

❶ 高さ部分の作成

 スケッチ1

[平面]にスケッチ

[矩形コーナー]で、原点を端点として、大きさ5mm×40mmで入力します。

Chapter.4 アセンブリのモデリング

 押し出しボス/ベース

スケッチ1を**距離50mm上方向**に押し出します。

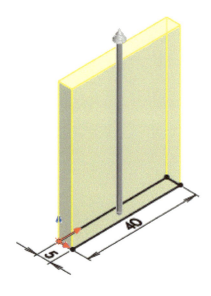

 フィレット

フィレットタイプ：

<フルラウンドフィレット> で、下図のように**3つの側面**を選択します（選択する面の順番を間違えないように、パネルの色で判断してください）。

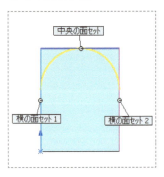

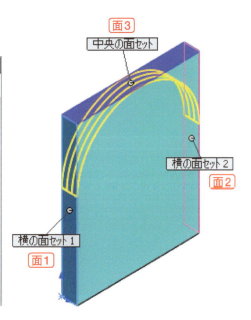

4.2 軸受のアセンブリモデル

❷ 軸用の穴作成

 スケッチ2

下図の面にスケッチ

[円]で、直径10.2mmを入力します。次に、[幾何拘束]で<同心円>を入力します。

軸とのクリアランスは0.1mmとなります。

スケッチ面

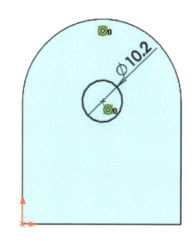

 押し出しカット

スケッチ2を<全貫通>で押し出しカットします。

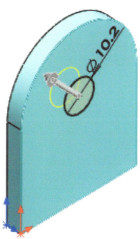

❸ 差し込み部分の作成

 スケッチ3

下図の面にスケッチ

[矩形コーナー]で、原点を中心として大きさ29.6mm×1.2mmを入力します。

スケッチ面

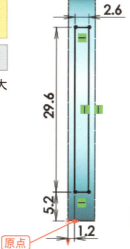

原点

参考　左図は平面から表示してスケッチしています。

167

Chapter.4　アセンブリのモデリング

押し出しボス/ベース

スケッチ3を**距離10mm**、**下方向**に押し出します。

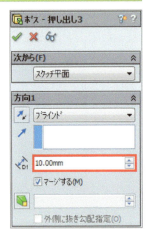

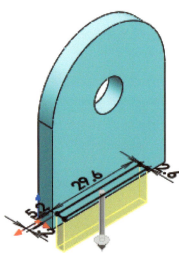

面取り

下図に示す**2つのエッジ**を選択して、<**角度 距離**>をチェックして、**距離0.5mm**、**角度45deg**で作成します。

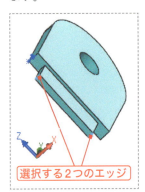

選択する2つのエッジ

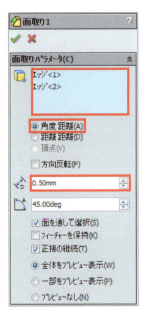

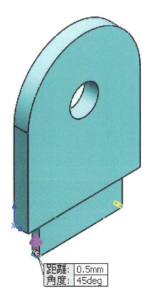

4.2 軸受のアセンブリモデル

4.2.4 ピン部品のモデリング
軸受のアセンブリモデル

Lブロックを固定するためのピン部品のモデリングを説明します。回転フィーチャーだけで作成しています。

● 完成イメージ

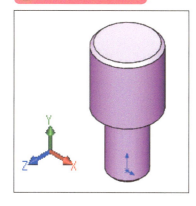
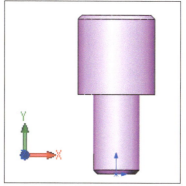

● 操作手順

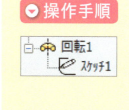

❶ ピンの作成

 スケッチ1

[正面]にスケッチ

[中心線]で、原点から鉛直方向に線分を入力します。次に[直線]で、回転する輪郭（6つの直線）を入力します。その後、[スケッチ面取り]を入力した後、[スマート寸法]を入力します。

> 中心線をクリック後に右端のエッジを選択して、中心線の左側にマウスを移動して寸法を入力

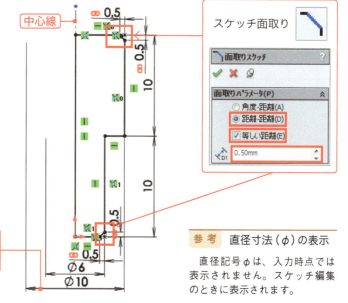

参考　直径寸法（φ）の表示

直径記号φは、入力時点では表示されません。スケッチ編集のときに表示されます。

 回転ボス/ベース

スケッチ1を**<回転軸>**に**直線1**を選択して、**<方向1>**を360deg回転します。

※パネル等は割愛します。

Chapter.4 アセンブリのモデリング

4.2.5 軸部品のモデリング（軸受のアセンブリモデル）

軸部品のモデリングを説明します。このモデルは、ピンと同様に回転フィーチャーを利用しています。

● 完成イメージ

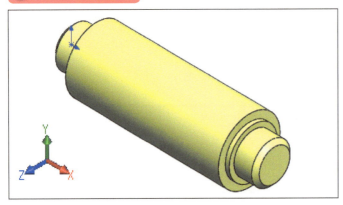

● 操作手順

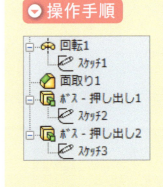

❶ 軸ベース部分の作成

 スケッチ1

[正面]にスケッチ

[中心線]で、原点から垂直方向に線分を入力します。次に[直線]で、回転する輪郭（8つの直線）を入力します。その後、[スマート寸法]で寸法を入力します。

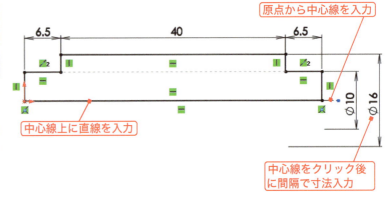

原点から中心線を入力
中心線上に直線を入力
中心線をクリック後に間隔で寸法入力

170

回転ボス/ベース

スケッチ1を<回転軸>に直線1を選択して、<方向1>を360deg回転します。

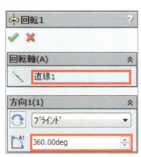

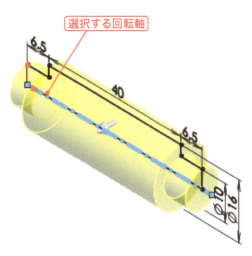

 面取り

下図に示す2つのエッジを選択して、<角度 距離>をチェックして、距離1mm、角度45degで作成します。

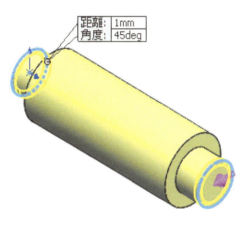

❷ 軸との間隔を保つためのボス作成（1）

 スケッチ2

下図の面にスケッチ

[エンティティ変換] で、右図の円を作成します。次に、**[エンティティオフセット]** で、オフセット距離**1.2mm**で円を入力します。

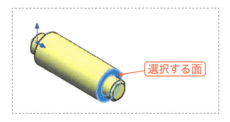

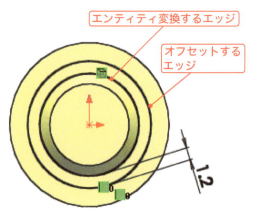

 押し出しボス/ベース

スケッチ2を**距離1mm手前方向**に押し出します。

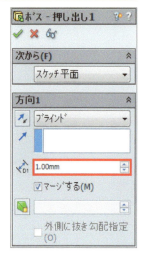

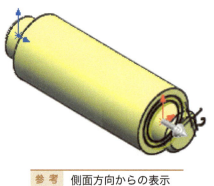

参考　側面方向からの表示

❸ 軸との間隔を保つためのボス作成（2）

スケッチ2、ボス-押し出し1を参考に、**軸の反対側に押し出し形状（スケッチ3、ボス-押し出し2）** を作成してください（ミラーフィーチャーで反対側の形状を作成しても構いません）。

参考　側面方向からの表示

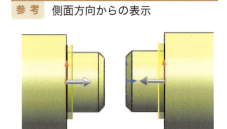

4.2.6 アセンブリ（合致）＆検証
軸受のアセンブリモデル

　ここでは、アセンブリファイルを開く操作説明、及び部品挿入の操作説明は省略します（P.148～参照）。合致順序は、ベースとLブロックの合致から始め、Iブロックの合致、ピンの合致、そして最後に軸部品を合致しています。選択する図（赤枠内）と合致後の図を参考に、合致操作を行ってください。合致の対象部品や順番などは記載と同じでなくても構いませんが、過剰に合致を入力したり、過少にならないように注意してください。固定する部品はベースになります。

　アセンブリ操作のモデル図は、ベース部品、Lブロック部品、Iブロック部品の周囲にフィレットが入力された状態になっています。実際の操作段階では、フィレットが未入力のモデルになります。

❶ ベースとLブロックの合致

 合致

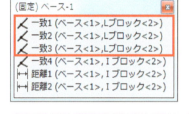

（1）ベースの**右側カット部上面**と、**Lブロック**の**底面**を選択

（2）ベースの**手前面**と、**Lブロック**の**手前面**を選択

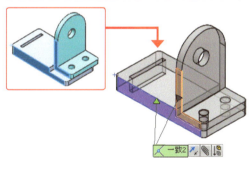

（3）ベースの**右側面**と、**Lブロック**の**右側面**を選択

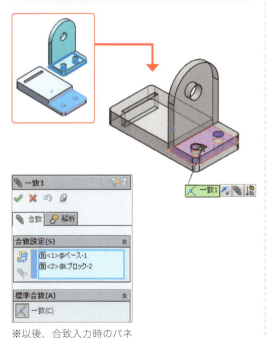

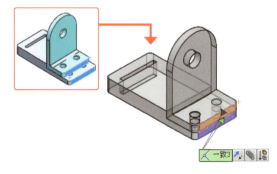

※以後、合致入力時のパネルは省略します。

Chapter.4 アセンブリのモデリング

❷ ベースとIブロックの合致

 合致

```
(固定) ベース-1
  一致1 (ベース<1>,Lブロック<2>)
  一致2 (ベース<1>,Lブロック<2>)
  一致3 (ベース<1>,Lブロック<2>)
  一致4 (ベース<1>,Iブロック<2>)
  距離1 (ベース<1>,Iブロック<2>)
  距離2 (ベース<1>,Iブロック<2>)
```

(1) ベースの底面と、Iブロックの底面を選択

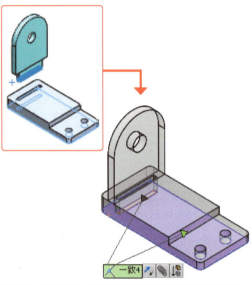

(2) ベースの下部側面と、Iブロックのカット部側面を選択

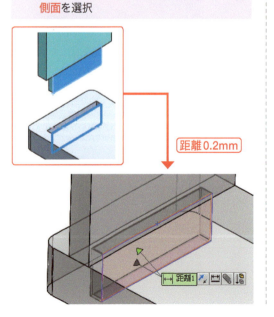

(3) ベースの下部側面と、Iブロックのカット部側面を選択

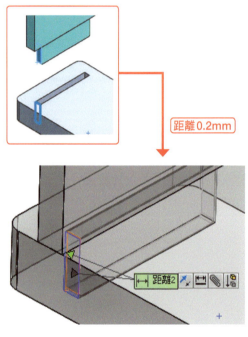

174

4.2 軸受のアセンブリモデル

❸ Lブロックとピンの合致

 合致

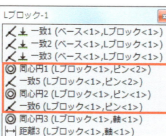

参考 ピンから参照した合致

ピンから参照した合致は、同心円と一致になります。

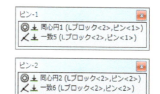

(1) **Lブロックの円筒部の面**と、ピンの**下部円筒の面**を選択

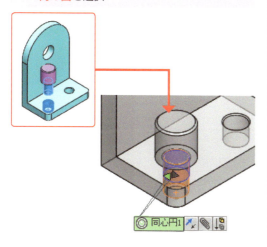

(3) **Lブロックの円筒部の面**と、ピンの**下部円筒の面**を選択

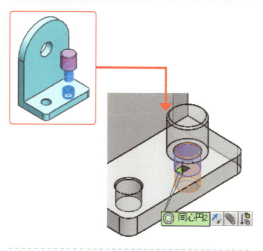

(2) **Lブロックの上面**と、ピンの**上部円筒部の底面**を選択

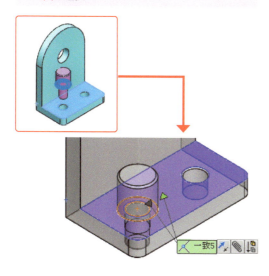

(4) **Lブロックの上面**と、ピンの**上部円筒部の底面**を選択

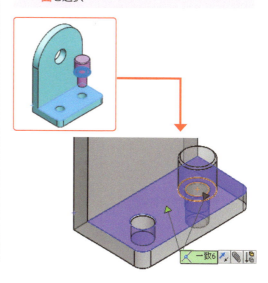

175

Chapter.4 アセンブリのモデリング

❹ Lブロックと軸の合致

 合致

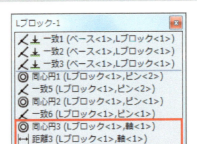

参考 軸から参照した合致

軸から参照した合致は、図のようになります。

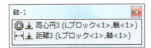

(1) **軸**の円筒部の面と、**L**ブロックの円筒部のカット面を選択

(2) **軸**の円筒カット部の底面と、**L**ブロックの左裏面を選択

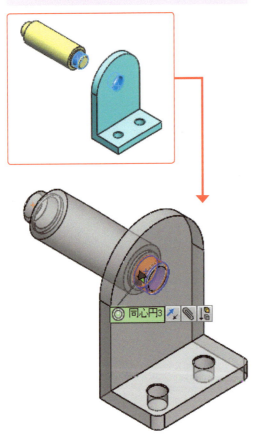

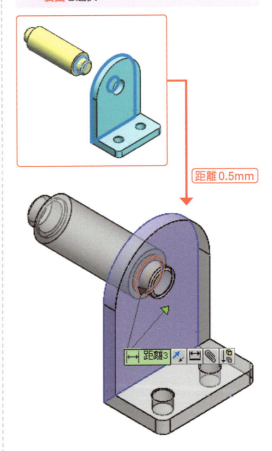

距離0.5mm

参考 正面から見た状態

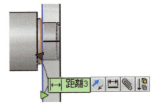

❺ アセンブリフィーチャーを利用したフィレット加工

ここでは、**アセンブリフィーチャー**を利用してモデルをフィレットで加工します。

アセンブリフィーチャーにフィレットコマンドがないバージョンもあります。このときは部品モデルにフィレットを入力してください。

フィレット

フィレットタイプ：

ベースモデルの**周囲4つのエッジ**とLブロックモデルの**2つのエッジ**を選択して、**半径3mm**のフィレットを作成します。選択するエッジ数は、**6つ**です。

選択するエッジ（ベースモデルは反対側も2つ選択が必要）

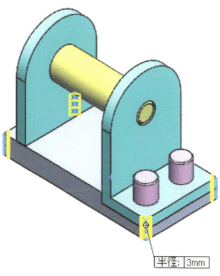

半径：3mm

POINT　アセンブリフィーチャー

アセンブリ内でフィーチャーを作成することができます。これをアセンブリフィーチャーと言います。具体的には、《アセンブリ》タブにある[**アセンブリフィーチャー**]から実行できます。フィーチャーには右のパネルの種類が準備されています（アセンブリモデル状態によって表示されないフィーチャーもあります）。

部品モデルへの反映は、パネル内の[**フィーチャースコープの反映**]で**<フィーチャーを部品へ継続>**をチェックすることで実行されます。

▼フィーチャースコープの反映（フィレットパネル内）

▼Lブロックのデザインツリー

▼準備されているアセンブリフィーチャー
- 穴シリーズ
- 穴ウィザード
- 穴
- 押し出しカット
- 回転カット
- スイープ カット
- フィレット
- 面取り
- 溶接ビード
- 直線パターン(L)
- 円形パターンの挿入(I)
- テーブル駆動パターンの挿入(T)
- スケッチ駆動パターンの挿入(S)
- ベルト/チェーン

デザインツリーに追加される

フィレットが作成される

Chapter.4 アセンブリのモデリング

❻ 検証

[干渉確認]で干渉がないこと、及び[クリアランス検証]で部品間のクリアランスを確認してください。また、動作の確認として軸部品が回転することを確認してください。実際には、ベルトなどが結合されて回転します。他の部品は固定された状態になります。

干渉確認

[干渉認識]で、<計算>を実行して、干渉部分なしとなることを確認してください。エラーが生じた場合は、部品モデルに戻り修正してください。

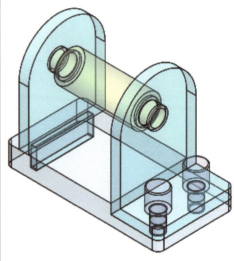

クリアランス検証

[クリアランス検証]で、クリアランス(間隔)を確認してください。

右図の例は、**軸とIブロックの間隔が0.1mm**であることが確認できます。同様に**軸とLブロック、ピンとLブロック**などのクリアランスも確認してください。

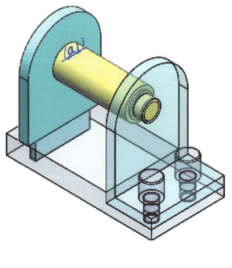

Chapter.4 アセンブリのモデリング

4.3 スライド機構のアセンブリモデル

　スライド機構のアセンブリモデルを説明します。ここでは、クリアランスは考慮していません。また、合致操作の結果は、フォルダーに格納しています（アセンブリ手順のオプションパネルを参照してください）。さらに、モーションスタディーで動作を確認します。

アセンブリの完成モデル

挿入部品・合致

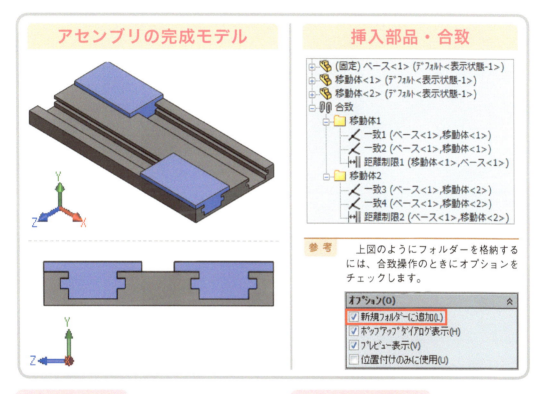

参考　上図のようにフォルダーを格納するには、合致操作のときにオプションをチェックします。

■ 分離した状態

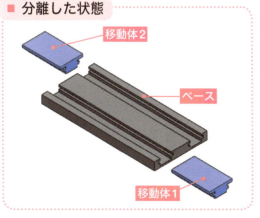

■ 部品番号と部品名

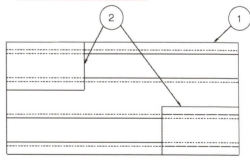

部品番号	部品名	個数
1	ベース	1
2	移動体	2

Chapter.4 アセンブリのモデリング

4.3.1 スライド機構のアセンブリモデル
ベース部品のモデリング

ベースのモデリングを説明します。移動体1と移動体2の走行レールになります。

🔻 **完成イメージ**

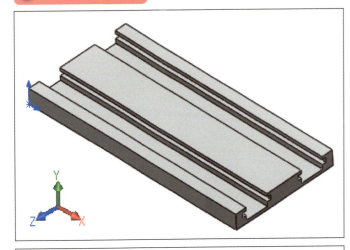

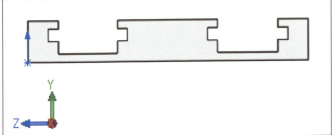

🔻 **操作手順**

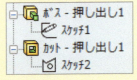

❶ ベース形状の作成

 スケッチ1

[平面]にスケッチ

[矩形コーナー]で原点を端点として、大きさ150mm×70mmで入力します。

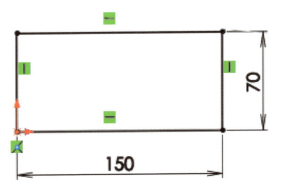

4.3 スライド機構のアセンブリモデル

 押し出しボス/ベース

スケッチ1を**距離10mm上方向**に押し出します。

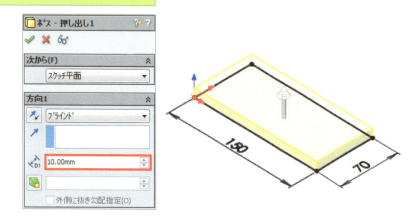

❷ 溝形状の作成

 スケッチ2

右図の面にスケッチ

下図のように**[直線]**で7つの直線を入力します。続けて、**[中心線]**を入力します。その後、**[スマート寸法]**で下図のように入力します。必要に応じて、**[幾何拘束]**を利用してください。

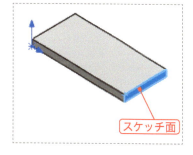

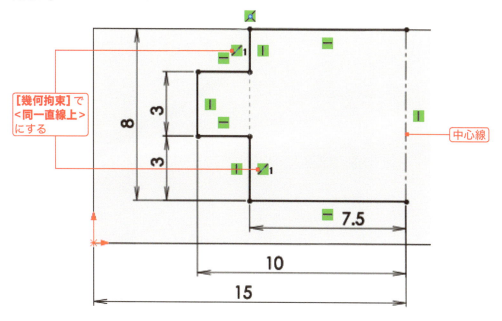

Chapter.4 アセンブリのモデリング

次に、**[エンティティのミラー]** で、**7つの直線**を選択し、**<ミラー基準>** に中心線を選択してコピーします。

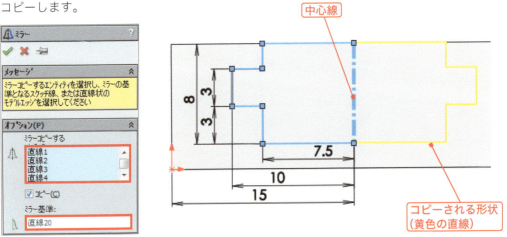

さらに、**[中心線]** で下図のように入力した後、**[エンティティのミラー]** でコピー対象を**エリア選択**して、**<ミラー基準>** に**中心線**を選択してコピーします。

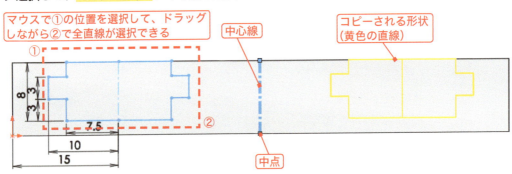

押し出しカット

<輪郭選択> で、スケッチ2の**2つの輪郭**を選択して、**<全貫通>** で押し出しカットます。

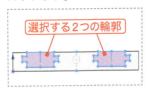

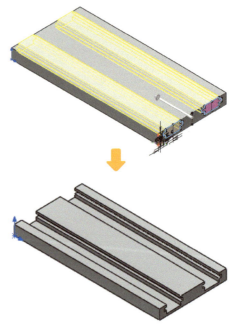

4.3.2 スライド機構のアセンブリモデル
移動体部品のモデリング

　移動体のモデリングを説明します。この部品は、ベースとのクリアランスは確保していません。

● 完成イメージ

● 操作手順

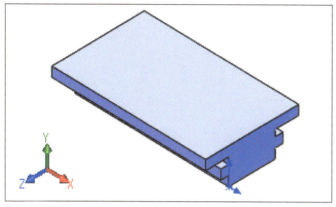

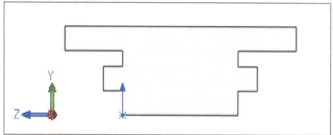

❶ 移動体形状の作成

 スケッチ1

[右側面]にスケッチ

　[直線]で、図のように輪郭を作成します。中心線の左右は対称形状になります。[幾何拘束]の<等しい値>や<同一直線上>などを利用して、完全定義にしてください。
　次ページで紹介するコピー&ペーストで作成しても構いません。

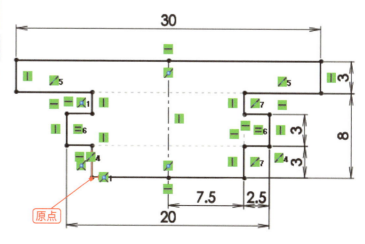

Chapter.4 アセンブリのモデリング

 押し出しボス/ベース

スケッチ1を**距離50mm左方向**に押し出しします。

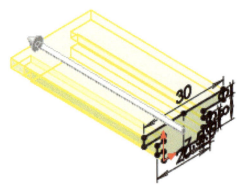

参考　スケッチでのコピー&ペーストの活用

スケッチ操作では、以下のようにしてコピー&ペーストを活用すると効率的です。

手順
1. 2つのファイルを開く
2. ファイルAでスケッチ編集する
3. コピーしたいエンティティを選択して、コピー（Ctrl + C）する
4. ファイルBをアクティブにする
5. ペースト（Ctrl + V）する
6. スケッチを完全定義にする（原点と端点一致、寸法入力）

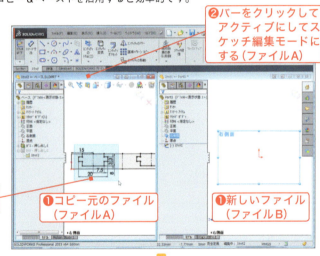

❸コピーしたいエンティティ。Ctrl + C でコピー

❶コピー元のファイル（ファイルA）

❶新しいファイル（ファイルB）

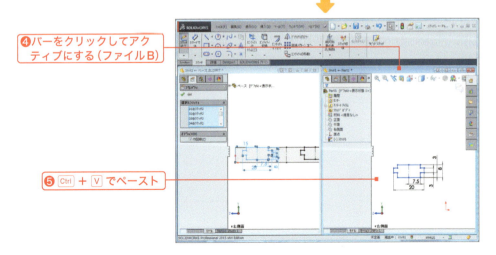

❹バーをクリックしてアクティブにする（ファイルB）

❷バーをクリックしてアクティブにしてスケッチ編集モードにする（ファイルA）

❺ Ctrl + V でペースト

4.3.3 アセンブリ（合致）＆検証
スライド機構のアセンブリモデル

　合致順序は、ベースと移動体<1>、ベースと移動体<2>の順に合致しています。ここでは、合致に関する説明は省略していますので、合致のパネルと画像を参考に操作してください。

　合致する順番は変えても問題ありません。固定する部品は、ベース部品になります。

❶ ベースモデルと移動体<1>の合致

 合致

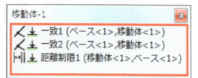

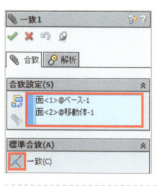

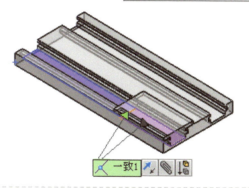

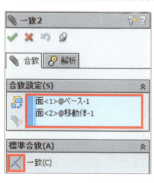

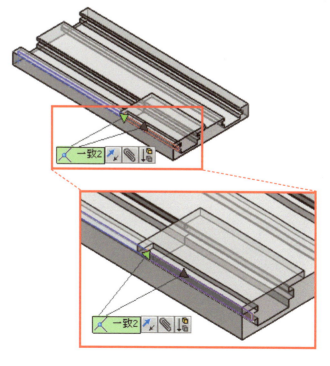

Chapter.4 アセンブリのモデリング

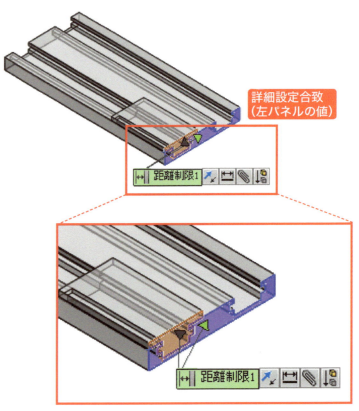

❷ ベースモデルと移動体<2>の合致

移動体<1>の合致を参考に移動体<2>の合致を入力してください(入力する合致:一致3、一致4、距離制限2)。

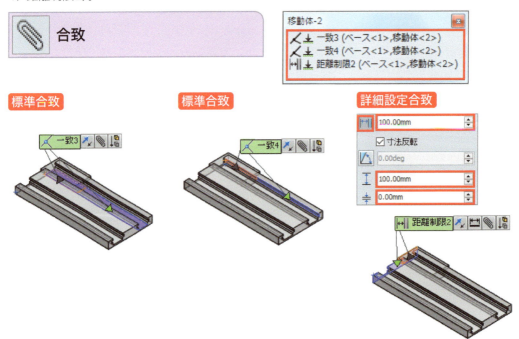

❸ 検証

[干渉確認]で干渉がないことを確認してください。また、[クリアランス検証]で一致している面などを確認してください。また、必要に応じて[計測]も活用してください。

干渉確認

[干渉確認]で干渉がないことを確認してください。干渉があった場合はその箇所を修正してください。

クリアランス検証

このアセンブリモデルはクリアランスを確保していないので、一致している状態などを確認してください。

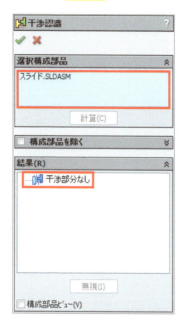

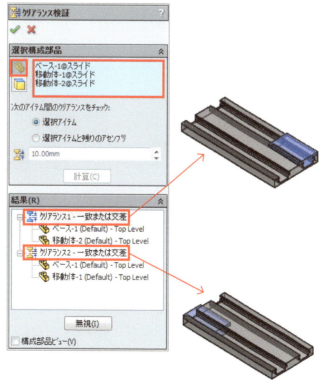

Chapter.4 アセンブリのモデリング

column モーションスタディ

ここでは[モーションスタディ]を使って、アニメーションで動作を確認します。以下の手順に従って操作してください。

❹キープロパティをドラッグにより、10秒の位置に移動します。

❻<最初から再生>を実行すると、モデルが動作(アニメーション)します。

❺<計算>を実行します。

※❸で入力した<モーター>は、ここに反映されます。変更するときは、フィーチャー編集で操作できます。

❷<モーター>をクリックします。

❶[モーションスタディ]のタブをクリックします。

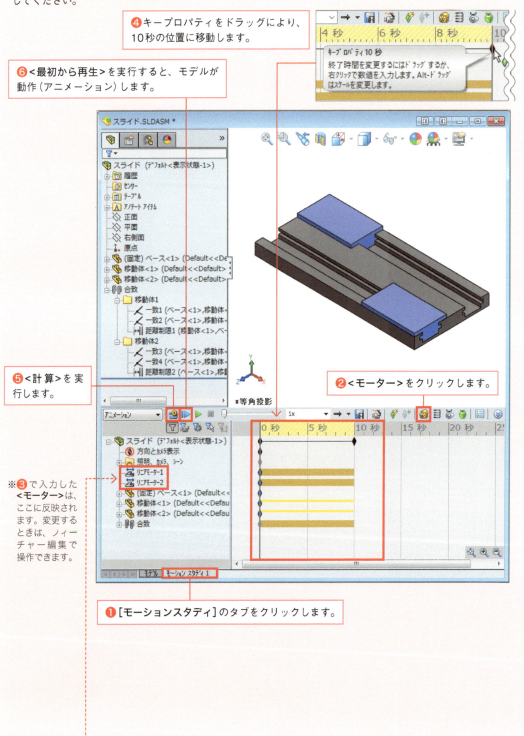

188

4.3 スライド機構のアセンブリモデル

❸ <モーター>のパネルで、<モータータイプ>にリニアモーター（アクチュエーター）を選択し、<構成部品/方向>、<モーション>を下図のパネルのように入力します。リニアモーター1が追加されます（同様に、リニアモーター2を追加する）。

❸-1 リニアモーター1

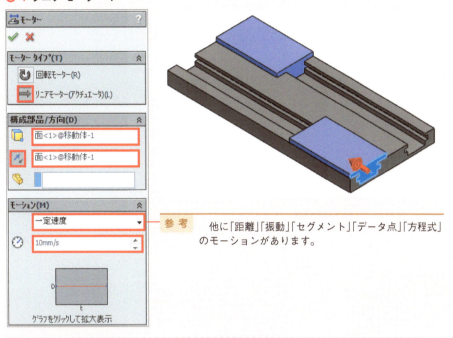

参考　他に「距離」「振動」「セグメント」「データ点」「方程式」のモーションがあります。

❸-2 リニアモーター2

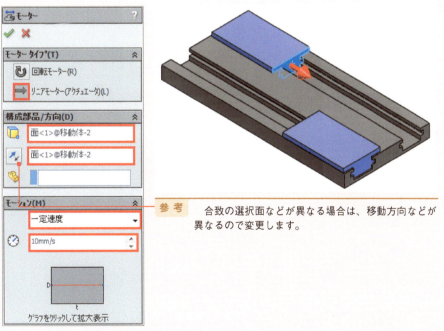

参考　合致の選択面などが異なる場合は、移動方向などが異なるので変更します。

Chapter.4 アセンブリのモデリング

4.4 リンク機構の
アセンブリモデル

　ここでは、軸受機構のモデルを作成します。組み立て用の簡易的なモデルにしてあります。また、各部品のモデリングでは冒頭に図面を付けてありますので、手順を参照しない方法でモデル作成もできます。併せて利用ください。

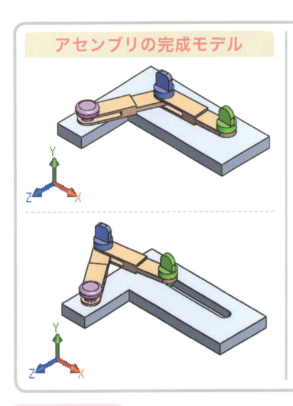

アセンブリの完成モデル　　　挿入部品・合致

■ 分離した状態

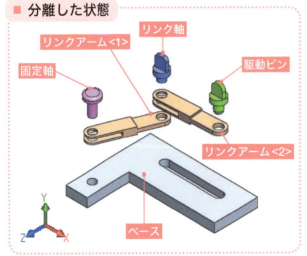

■ 部品番号と部品名

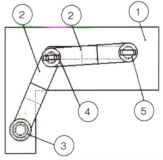

部品番号	部品名	個数
1	ベース	1
2	リンクアーム	2
3	固定軸	1
4	リンク軸	1
5	駆動ピン	1

4.4.1 ベース部品のモデリング

リンク機構のアセンブリモデル

　ベースの部品モデリングになります。図面を参考にモデリングしてください。穴形状は貫通、長穴形状（スロット）は未貫通なので注意してください。
　長穴形状の入力は、スロットコマンド（）を利用すると簡単に入力できます。ただし、SOLIDWORKSの旧バージョンではスロットコマンドがない場合があります。そのときは、矩形と円弧などを利用して作成してください。

● 完成イメージ

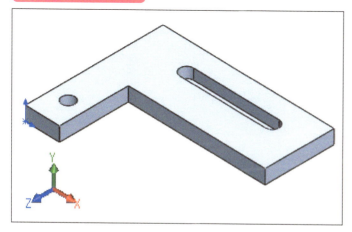

● 操作手順

● 図面

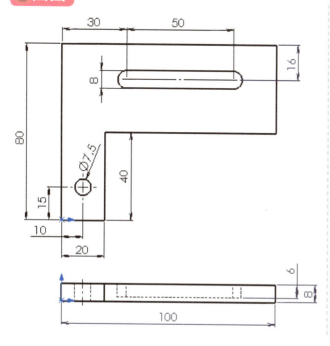

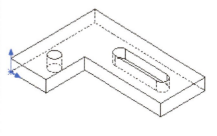

Chapter.4 アセンブリのモデリング

4.4.2 リンクアーム部品のモデリング
リンク機構のアセンブリモデル

リンクアームの部品モデリングになります。アセンブリでは、同じ部品を2つ利用しています。

● 完成イメージ

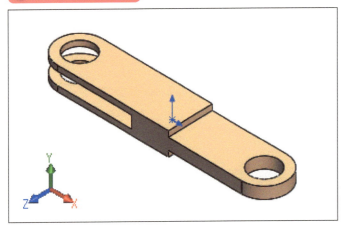

● 操作手順

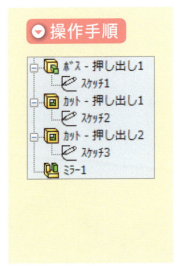

● 図面

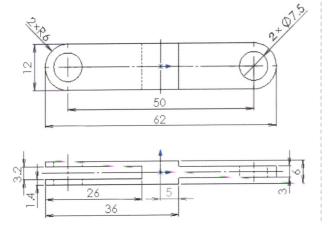

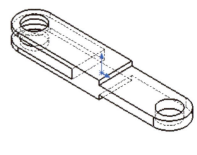

4.4 リンク機構のアセンブリモデル

❶ ベース部品の作成

スケッチ1

[平面]にスケッチ

[中心点ストレートスロット]で、原点を中心として、**大きさ50mm×12mm**のスロットを入力します。次に[円]で、円弧の中心に合わせて2つ入力します。[スマート寸法]でどちらかの円を**直径7.5mm**にします。その後、[幾何拘束]で2つの円を**<等しい値>**に設定して直径を揃えます。

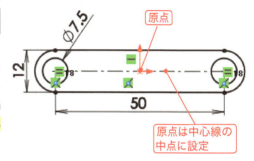

押し出しボス/ベース

スケッチ1を**<中間平面>**で**距離6mm上方向**に押し出します。

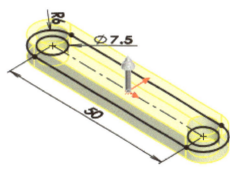

❷ リンクアーム同士の結合部分の作成

スケッチ2

下図の面にスケッチ

[矩形コーナー]で、端点を左端のエッジに一致させて矩形を入力します。その後、[スマート寸法]で矩形の大きさを決定させます。

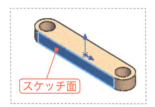
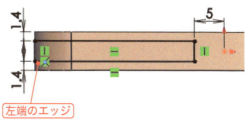

Chapter.4 アセンブリのモデリング

押し出しカット

スケッチ2を**<全貫通>**で押し出しカットます。

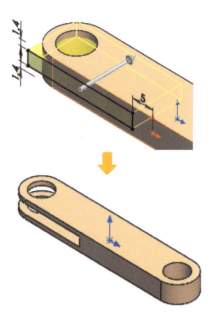

❸ 軸及びピンの差し込み穴の作成

スケッチ3

下図の面にスケッチ

[矩形コーナー]で**大きさ30mm×12mm**を入力します。**エッジに合わせてクリック**した後、**[幾何拘束]**でエッジと矩形の端点を直線に**<一致>**させると、高さ方向の寸法12mmは不要です。その後、**[スマート寸法]**で原点からの寸法**5mm**を入力します。

スケッチ面

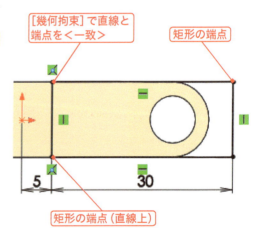

[幾何拘束]で直線と端点を<一致>

矩形の端点

矩形の端点(直線上)

押し出しカット

スケッチ2を**距離1.5mm下方向**に押し出しカットます。

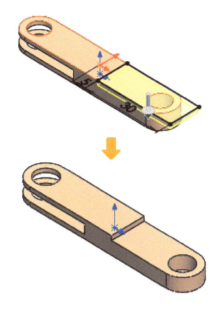

 ミラー

＜ミラー面/平面＞に、**平面（デフォルト平面）**を選択し、**カット-押し出し2**を選択して、ミラーコピーします（ミラーした部分もカットされます）。

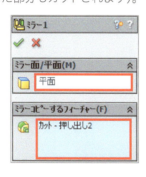

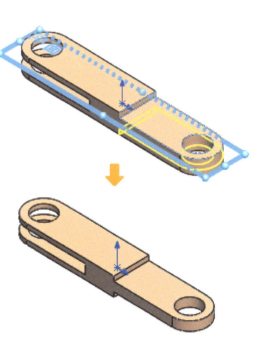

Chapter.4 アセンブリのモデリング

4.4.3 固定軸のモデリング
リンク機構のアセンブリモデル

固定軸の部品モデリングを説明します。このモデルは1つの回転フィーチャーで作成しています。

● 完成イメージ

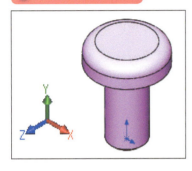
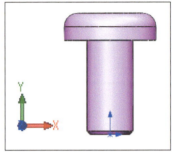

● 操作手順

❶ 回転によるモデル作成

スケッチ1

[正面]にスケッチ

[中心線]で、原点から鉛直方向に線分を入力します。次に[直線]で、回転する輪郭(6つの直線)を入力します。その後、[スケッチフィレット]、[スケッチ面取り]を入力した後、[スマート寸法]を入力します。

中心線をクリック後に端エッジを選択して、中心線の左側にマウスを移動して寸法を入力

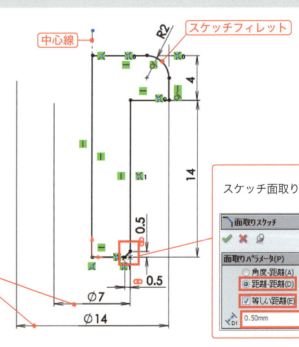

回転ボス/ベース

スケッチ1を**<回転軸>**に**直線1**を選択して、**<方向1>**を360deg回転します。

※パネル等は割愛します。

4.4.4 リンク軸のモデリング

リンク機構のアセンブリモデル

リンク軸のモデルは、完成モデル、モデリング手順及び図面を参考に作成してください。

● 完成イメージ

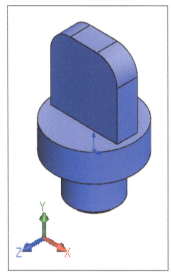
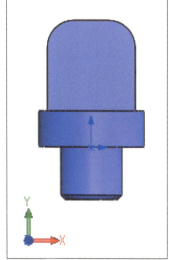

● 操作手順

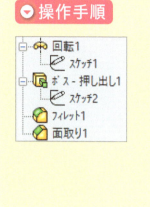

● 図面

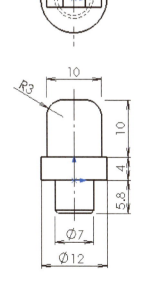
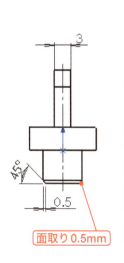
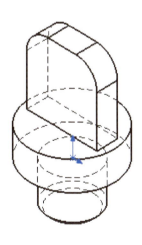

面取り 0.5mm

4.4.5 駆動ピンのモデリング

リンク機構のアセンブリモデル

　駆動ピンのモデルも、完成モデル、モデリング手順及び図面を参考に作成してください。

● 完成イメージ

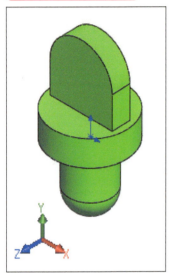
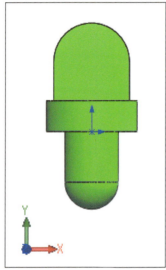

● 操作手順

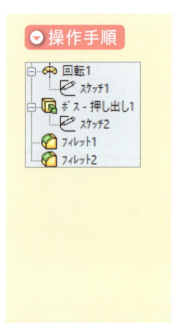

● 図面

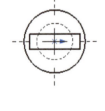

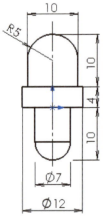
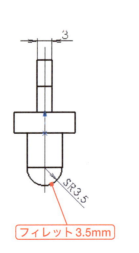
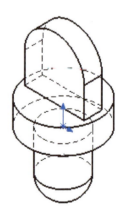

フィレット 3.5mm

4.4 リンク機構のアセンブリモデル

4.4.6 リンク機構のアセンブリモデル
アセンブリ（合致）＆検証

　ここでも、アセンブリファイルを開く操作説明、及び部品挿入の操作説明は省略します（P.148〜参照）。また、合致操作のパネルも省略しています。固定する部品はベースになります。なお、合致の説明は、リンクアーム<1>とリンクアーム<2>の合致から始めて、軸やピン、ベースと合致しています。

❶ リンクアーム<1>とリンクアーム<2>の合致

 合致

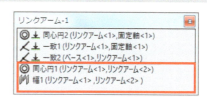

（1）リンクアーム<1>の円筒部のカット面（穴部の面）と、リンクアーム<2>の円筒部のカット面（穴部の面）を選択

（2）リンクアーム<1>の［タブ］カット部の上面・下面と、リンクアーム<2>の［幅］内部くり抜き部の上面・下面を選択

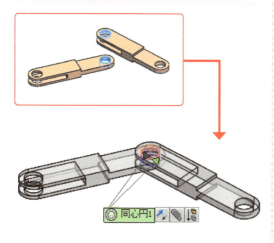

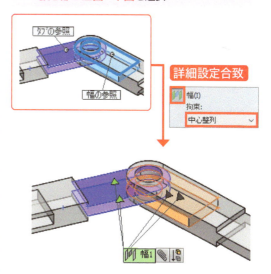

詳細設定合致

199

❷ リンクアーム<1>と固定軸の合致

 合致

（1）リンクアーム<1>のカット部の面と、固定軸の円筒部の面を選択

（2）リンクアーム<1>のカット部の上面と、固定軸の円筒部の底面を選択

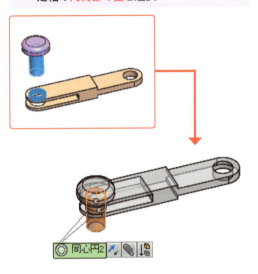
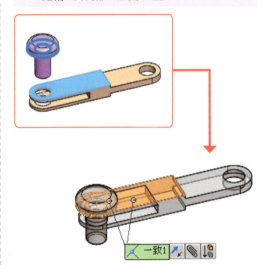

❸ リンクアーム<1>とベースの合致

 合致

（1）リンクアーム<1>の底面と、ベースの上面を選択

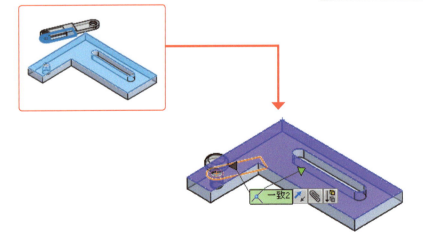

4.4 リンク機構のアセンブリモデル

❹ ベースと固定軸の合致

 合致

（1）ベースの円筒部のカット面と、固定軸の円筒部のカット面を選択

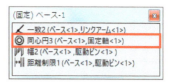

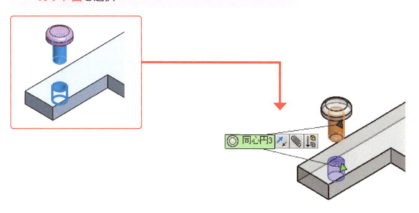

❺ リンクアーム<2>と駆動ピンの合致

 合致

（1）リンクアーム<2>の円筒部のカット面（穴部の面）と、駆動ピンの円筒面を選択

（2）リンクアーム<2>のカット部の上面と、駆動ピンの円筒部の底面を選択

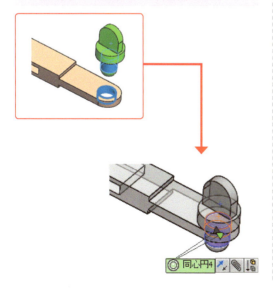

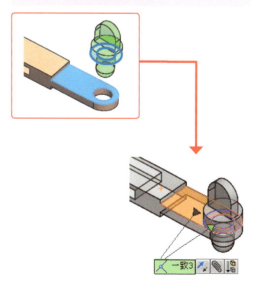

Chapter.4 アセンブリのモデリング

❻ リンクアーム<2>とリンク軸の合致

 合致

```
リンクアーム-2
 ◎ ± 同心円1 (リンクアーム<1>,リンクアーム<2>)
 ⋈ ± 幅1 (リンクアーム<2>,リンクアーム<1>)
 ◎ ± 同心円4 (リンクアーム<2>,駆動ピン<1>)
 ⋏ ± 一致3 (リンクアーム<2>,駆動ピン<1>)
 ◎   同心円5 (リンクアーム<2>,リンク軸<1>)
 ⋏   一致4 (リンクアーム<2>,リンク軸<1>)
 ∥   平行1 (リンクアーム<2>,リンク軸<1>)
```

(1) リンクアーム<2>の円筒部のカット面と、リンク軸の円筒面を選択

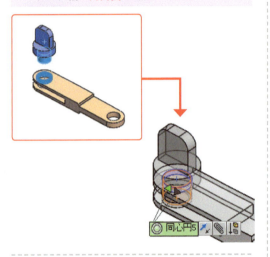

(3) リンクアーム<2>の手前面と、リンク軸の上部の手前面を選択

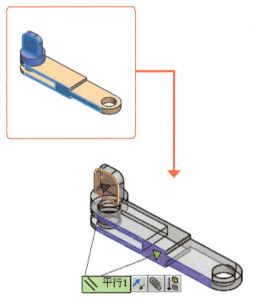

(2) リンクアーム<2>のカット部の上面と、リンク軸の円筒部の底面を選択

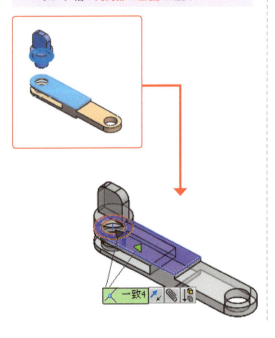

4.4 リンク機構のアセンブリモデル

❼ ベースと駆動ピンの合致

 合致

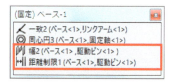

（1）ベースの[幅]スロット穴の両側面と、駆動ピンの[タブ]頭部の両側面を選択

（2）ベースの右側面と、駆動ピンの右側面（デフォルト面）を選択

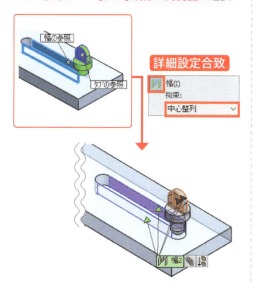

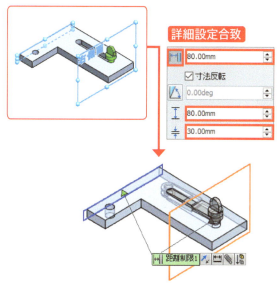

❽ 固定軸の合致

 合致

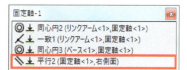

（1）固定軸の右側面（デフォルト面）と、ベースの右側面（デフォルト面）を選択

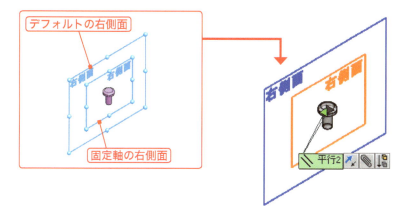

注意
この合致は、軸を完全定義にするために入力していて、リンクアームが動かなくなります。合致を省略しても問題ありません。

Chapter.4　アセンブリのモデリング

その他の部品から合致を参照すると、以下のように表示されます。すでに入力済みの合致ですが、参考にしてください。

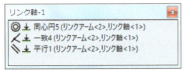
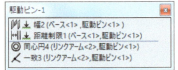

また、ここでは干渉確認及びクリアランス検証は省略しますが、アセンブリ作成後は必ず干渉エラーがないこととクリアランスが確保されていることを確認してください。

❾ 検証

[干渉確認] で干渉がないことを確認してください。その後、**[計測]** で**固定軸**、**リンク軸**、**駆動ピンとリンクアームの間隔**についてそれぞれ確認してください。下図の例は、**断面表示**した後に間隔を計測しています。また、**ベースの上面がリンクアームと一致**していることや**ピンがベース底面と一致**していることなども併せて確認してください。

 計測

各円筒面間の距離
0.25mm

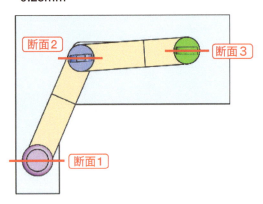
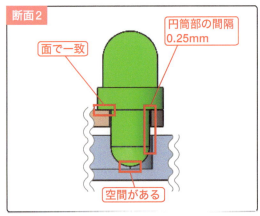
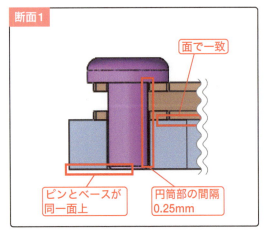
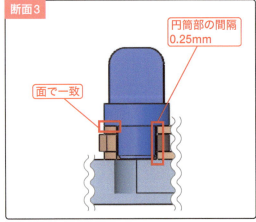

Chapter. 5
サブアセンブリを利用したモデリング

※ガード(カバー)を
　被せた状態

Contents

introduction	回転機構のアセンブリモデル	P.206
5.1	ギヤ1(小ギヤ)のモデリング	P.209
5.2	ギヤ2(大ギヤ)のモデリング	P.214
5.3	ベースユニットのサブアセンブリ	P.215
5.4	ハンドルユニットのサブアセンブリ	P.232
5.5	羽根ユニットのサブアセンブリ	P.244
5.6	ガード(カバー)のモデリング	P.264
5.7	回転機構全体のアセンブリ(合致)、及び検証	P.271

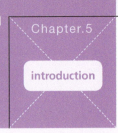

Chapter.5 サブアセンブリを利用したモデリング

回転機構のアセンブリモデル

　ギヤで連結された羽根を回転させる、回転機構のモデルを作成します。ここでは、**サブアセンブリ**としてベースユニット、ハンドルユニット、羽根ユニットとしています。まずギヤ部品2つを作成して、各ユニットの作成、ガード（カバー）の作成の順に解説しています。また、各ユニットごとにアセンブリを説明します。

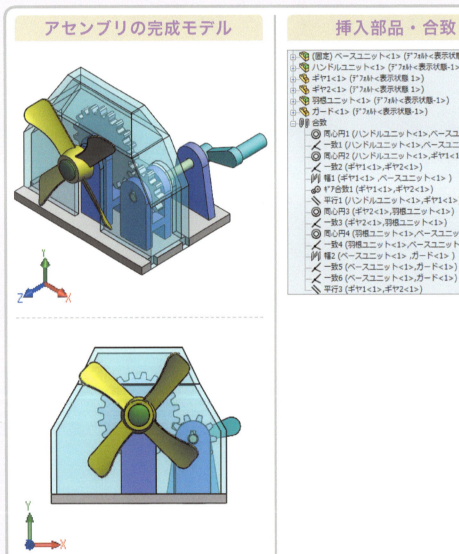

アセンブリの完成モデル

挿入部品・合致

introduction 回転機構のアセンブリモデル

■ 分解した状態（サブユニットレベル）

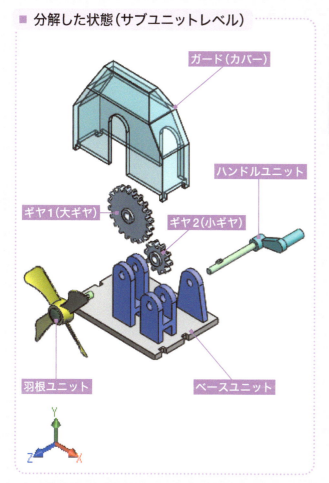

ユニット番号	ユニット名	個数
1	ベースユニット	1
2	ハンドルユニット	1
3	ギヤ1	1
4	ギヤ2	1
5	羽根ユニット	1
6	ガード	1

※ギヤ1、ギヤ2、ガードは単品部品です。
※ユニットの部品については、下図の部品表もしくは次ページのアセンブリ構成を参照してください。

■ 部品番号と部品名

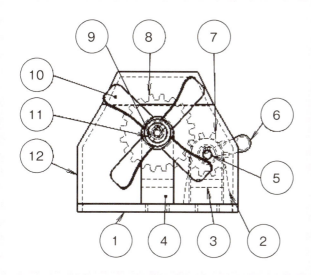

部品番号	部品名	個数
1	ベース	1
2	支持台1	1
3	支持台2	1
4	支持台3	1
5	軸1	1
6	ハンドル	1
7	ギヤ1	1
8	ギヤ2	1
9	軸2	1
10	羽根	1
11	ピン	1
12	ガード	1

Chapter.5　サブアセンブリを利用したモデリング

参考　アセンブリの構成

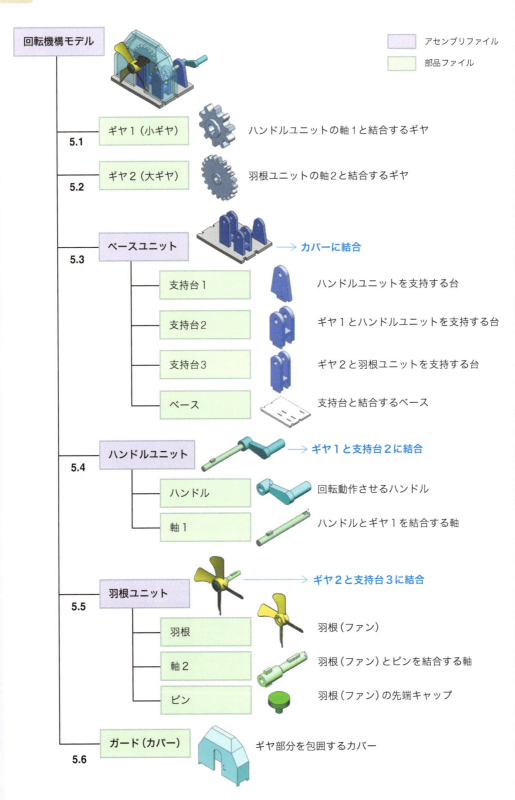

Chapter.5　サブアセンブリを利用したモデリング

5.1　ギヤ1（小ギヤ）のモデリング

　ギヤ1（小ギヤ）のモデリングを説明します。ギヤやプーリ（滑車）などの形状は、1つの面でスケッチしてモデリングできます。ここでは、すべて［正面］にスケッチし、＜中間平面＞を利用してモデリングしています。＜中間平面＞は、左右対称形状のときに便利です。また、ギヤ歯型のスケッチ方法も習得してください。

完成イメージ

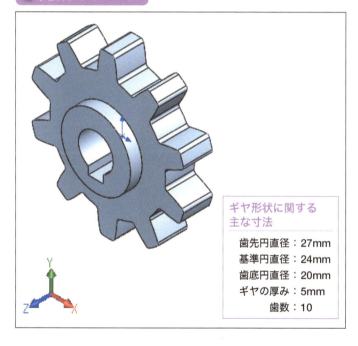

ギヤ形状に関する主な寸法

歯先円直径：27mm
基準円直径：24mm
歯底円直径：20mm
ギヤの厚み：5mm
歯数：10

モデリングの手順

❶ 歯底の形状作成

 スケッチ1

［正面］にスケッチ

　［円］で、原点を中心として、直径20mmで入力します。このスケッチが、歯底になります。

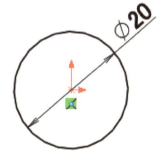

Chapter.5　サブアセンブリを利用したモデリング

 押し出しボス/ベース

スケッチ1を**<中間平面>**で、両側に5mm押し出します。

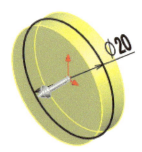

② 厚み部の作成

 スケッチ2

[正面]にスケッチ

[円]で、原点を中心として、**直径12mm**で入力します。

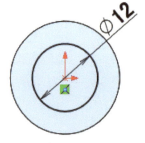

 押し出しボス/ベース

スケッチ2を**<中間平面>**で、距離9mm押し出します。

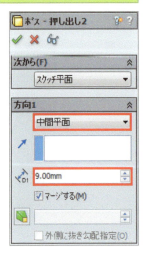

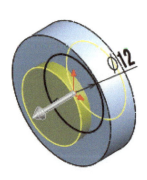

5.1 ギヤ1（小ギヤ）のモデリング

❸ 軸1の挿入部の作成

 スケッチ3

[正面]にスケッチ

[円]で、原点を中心として、直径6mmで入力します。軸1の部品が挿入される穴部になります。

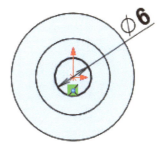

 押し出しカット

スケッチ3を<方向1>に<全貫通>、<方向2>に<全貫通>で押し出しカットします。

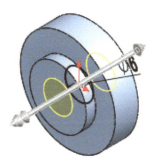

❹ キー溝部分の作成

 スケッチ4

[正面]にスケッチ

[矩形コーナー]で、原点と矩形上辺の中点を一致させ、大きさ2.6mm×4mmで入力します。これが、キー溝の部分になります。

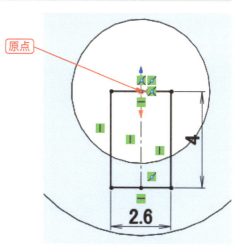

211

Chapter.5 サブアセンブリを利用したモデリング

 押し出しカット

スケッチ4を**<中間平面>**で、距離**10mm**でカットします（距離は、貫通できる値で設定）。

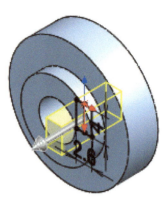

❺ 歯形の作成

 スケッチ5

[正面]にスケッチ

[円]で、原点を中心として、直径**24mm**（ピッチ円）、直径**27mm**（歯先円）を入力します。これを作図線に変更します。次に、**[中心線]**で、原点から鉛直に歯先円まで入力します。その後、**[3点円弧]**で半径**16mm**の円弧を入力して、**[スマート寸法]**と**[幾何拘束]**で図のように入力します。このとき、**中心線と対称に設定します**。これで、歯型が表現されます。

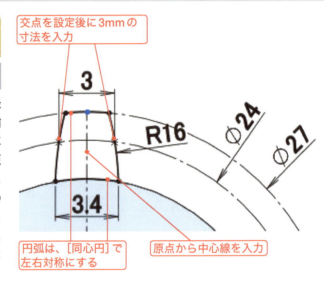

交点を設定後に3mmの寸法を入力

円弧は、[同心円]で左右対称にする

原点から中心線を入力

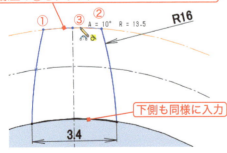

3点円弧：①、②の円弧の端点をクリック後、破線上の③をクリック

下側も同様に入力

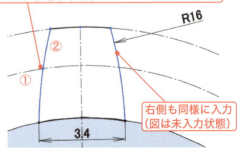

交点：①破線の円弧、②円弧をクリックして、点コマンドをクリック

右側も同様に入力（図は未入力状態）

参考 3点円弧の入力方法は、P.30を参照してください。

参考 交点の入力方法は、P.31を参照してください。点の仮想線タイプは、『星』を設定してあります。

5.1 ギヤ１（小ギヤ）のモデリング

 押し出しボス／ベース

スケッチ5を**<中間平面>**で、距離**5mm**で押し出します。

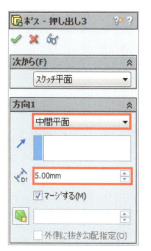
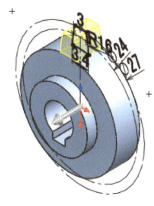

 フィレット

フィレットタイプ：

歯型の**エッジ4カ所**を選択して、**直径0.5mm**で作成します。

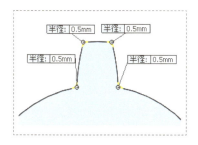
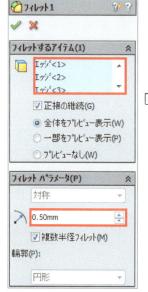
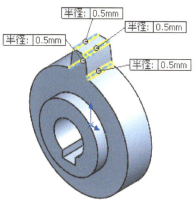

 円形パターン

ボス－押し出し3とフィレット1を選択して、**<インスタンス数>**（歯数）を**10個**でコピーします。このとき、軸には**[一時的な軸]**を選択して、360degで**<等間隔>**にチェックを入れます。

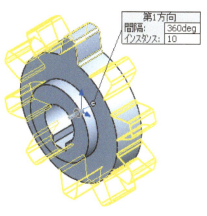

Chapter.5 サブアセンブリを利用したモデリング

5.2 ギヤ2（大ギヤ）のモデリング

　ギヤ2（大ギヤ）のモデリングは、ギヤ1（小ギヤ）と基準円直径、歯先円直径、歯底円直径、歯数以外は同じスケッチ、フィーチャーで作成できます。ギヤ1（小ギヤ）のモデルを参考にモデリングしてください。

● 完成イメージ

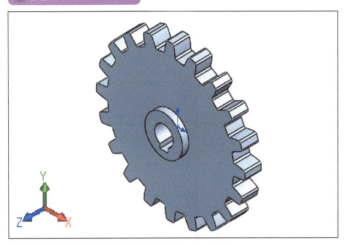

● モデリングの手順

● ギヤ1（小ギヤ）とギヤ2（大ギヤ）の比較

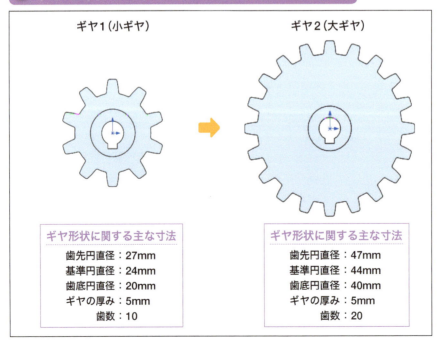

ギヤ1（小ギヤ）

ギヤ形状に関する主な寸法
歯先円直径：27mm
基準円直径：24mm
歯底円直径：20mm
ギヤの厚み：5mm
歯数：10

ギヤ2（大ギヤ）

ギヤ形状に関する主な寸法
歯先円直径：47mm
基準円直径：44mm
歯底円直径：40mm
ギヤの厚み：5mm
歯数：20

Chapter.5 サブアセンブリを利用したモデリング

5.3 ベースユニットの サブアセンブリ

ベースユニットのサブアセンブリモデルになります。ベースと3つの支持台部品の4部品で構成されています。

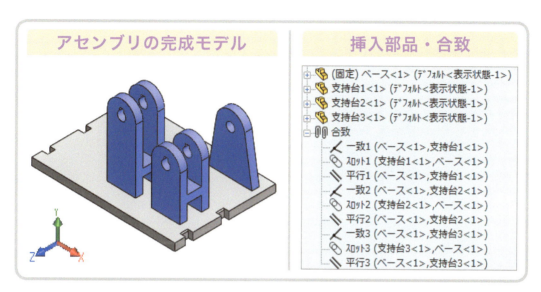

■ 分解した状態

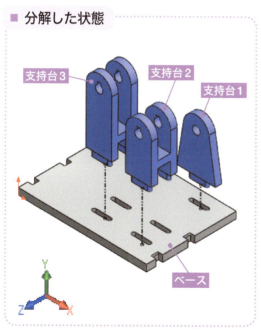

■ 部品番号と部品名

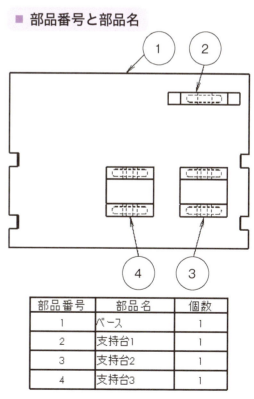

部品番号	部品名	個数
1	ベース	1
2	支持台1	1
3	支持台2	1
4	支持台3	1

Chapter.5 サブアセンブリを利用したモデリング

5.3.1 支持台1のモデリング
ベースユニットのサブアセンブリ

支持台1をモデリングします。軸1が挿入されることになります。底面はベース部品と結合されます。

● 完成イメージ

● モデリングの手順

❶ 支持台の外形作成

 スケッチ1

[正面] にスケッチ

[直線] で、長さ30mmで入力して、原点を中点とします。次に [直線]、[正接円弧] で外形を入力します。その後、[円] で、直径6mmを入力します。直線と円弧は <正接>、円弧と円は <同心円> にしてください（円を入力するときに円弧の中心点をクリックすると <同心円> は不要になります）。

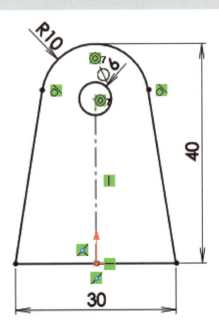

216

5.3 ベースユニットのサブアセンブリ

 押し出しボス/ベース

スケッチ1を<中間平面>で、距離5mm押し出します。

❷ ベース部品への差し込み部の作成

 スケッチ2

下図の面にスケッチ

[ストレートスロット]で、形状入力後、[スマート寸法]で大きさ12mm×2.8mmを入力します。その後、[幾何拘束]で中心線の中点と原点を<一致>させます。ベースのスロット部分をはめ込むことになります（[スロット]コマンドがないバージョンでは、矩形と円弧で作成してください）。

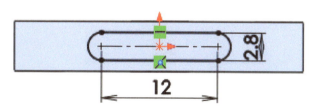

スケッチ面

Chapter.5 サブアセンブリを利用したモデリング

 押し出しボス/ベース

スケッチ2を**距離5mm下方向**に押し出します。

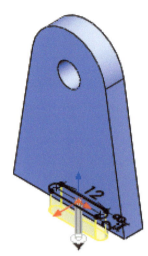

> 確認
>
> 測定
>
> 支持台1のスロット部とベースのクリアランス（隙間）は、0.1mmになります（支持台2、支持台3も同様です）。
>
>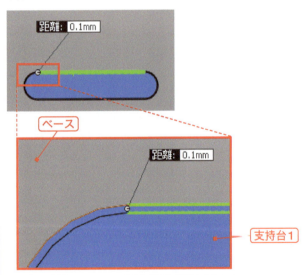
>
> 上図の計測は、アセンブリ作成後に確認できます。

5.3 ベースユニットのサブアセンブリ

5.3.2 支持台2のモデリング

支持台2は、ギヤ1（小ギヤ）を支える部品になり、軸1が挿入されます。底面はベース部品と結合されます。

● 完成イメージ

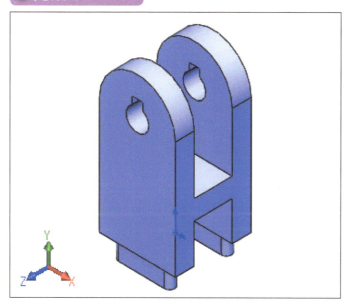

● モデリングの手順

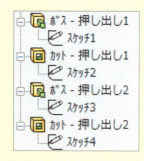

❶ 支持台の外形作成

 スケッチ1

[正面]にスケッチ

[直線]で、長さ20mmを入力し、[幾何拘束]で原点を中点とします。次に[直線]、[正接円弧]で外形を入力します。その後、[円]で直径6mmで入力します。直線と円弧は<正接>、円弧と円は<同心円>にしてください（円を入力するときに円弧の中心点をクリックすると<同心円>は不要になります）。

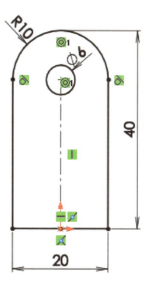

Chapter.5　サブアセンブリを利用したモデリング

 押し出しボス/ベース

スケッチ1を**<中間平面>**で、距離**20mm**押し出します。

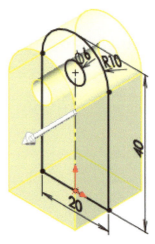

❷ ギヤ設置のためのカット部作成

 スケッチ2

[正面]にスケッチ

[矩形コーナー]で、大きさ**20mm×10mm**を入力します。端点をクリックすれば、20mmの寸法は不要です。その後、[エンティティ変換]で円弧を作成（変換）して、[直線]で図のように輪郭を入力します。円弧と直線間の距離は寸法で**25mm**にします。

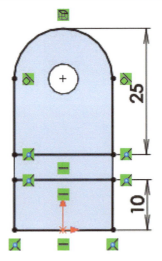

押し出しカット

スケッチ2を**<中間平面>**で、距離**10mm**押し出しカットします。

参考　右側面から見たカット後の形状

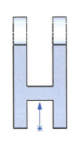
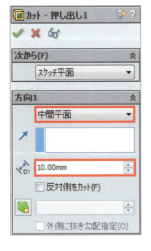
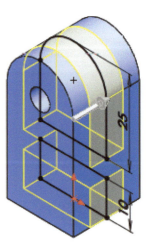

5.3 ベースユニットのサブアセンブリ

❸ ベース部品への差し込み部の作成

 スケッチ3

下図の面にスケッチ

［ストレートスロット］で形状入力後、［スマート寸法］で大きさ12mm×2.8mmを入力します。その後、［幾何拘束］で中心線の中点と原点を<鉛直>にします。さらに、外形の両端のエッジ中点で［中心線］を入力して、［スケッチミラー］でコピーします。

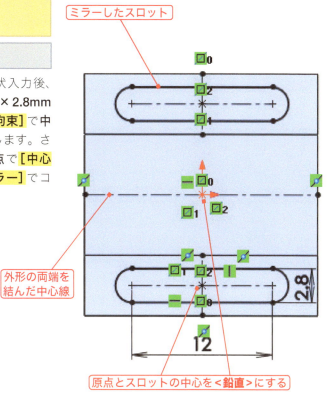

- ミラーしたスロット
- 外形の両端を結んだ中心線
- 原点とスロットの中心を<鉛直>にする
- スケッチ面

 押し出しボス/ベース

スケッチ3を**距離5mm下方向**に押し出します。

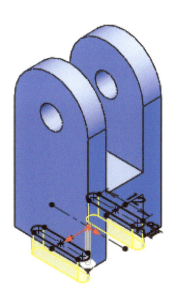

Chapter.5　サブアセンブリを利用したモデリング

❹ キー溝部分の作成

 スケッチ4

下図の面にスケッチ

[矩形中心]で、原点と矩形上辺の中点を一致させ、大きさ2.8mm×3mmで入力します。

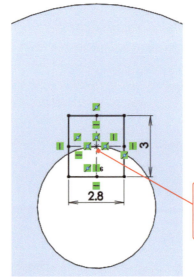

円と中心を<一致>させる。また、原点と矩形の中心は<鉛直>にする

 押し出しカット

スケッチ4を<全貫通>で、押し出しカットします。

確認

 測定

軸1と支持台1のクリアランスは、0.5mmになります（支持台2も同様です。また、軸2と支持台3も同様になります）。

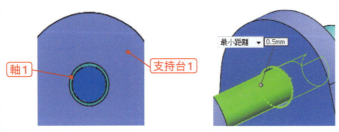

上図の計測は、アセンブリ作成後に確認できます。

5.3.3 支持台3のモデリング

ベースユニットのサブアセンブリ

　支持台3は、ギヤ2（大ギヤ）を支える部品になります。底面はベース部品と結合されます。形状は、支持台2と比べて高さとカット部分が異なります（比較図参照）。ここではモデリング操作は説明しませんので、支持台2のモデルを参考にモデリングしてください。

● 完成イメージ

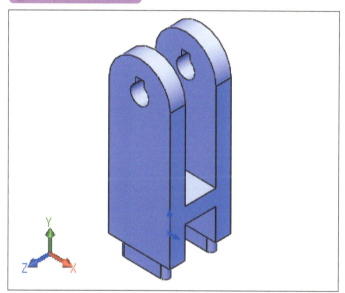

● モデリングの手順

● 支持台2、支持台3の比較

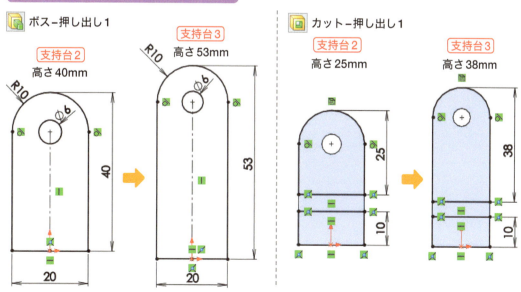

※支持台3のベース部品への差し込み部分、及びキー溝部分は、支持台2と同じになります。

Chapter.5 サブアセンブリを利用したモデリング

5.3.4 ベースのモデリング
ベースユニットのサブアセンブリ

ベースのモデリング手順を説明します。アセンブリのときに3つの支持台が取り付けられます。また、ガード（カバー）も取り付けられます。

● 完成イメージ

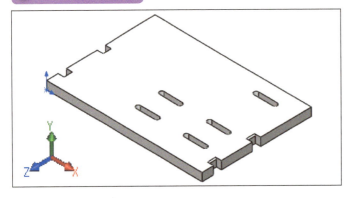

● モデリングの手順

❶ ベースの外形作成

✏ スケッチ1

[平面]にスケッチ

[矩形コーナー]で、原点を端点として、大きさ100mm×70mmで入力します。

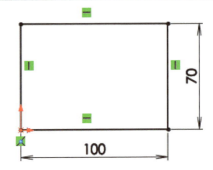

押し出しボス/ベース

スケッチ1を距離5mm上方向に押し出します。

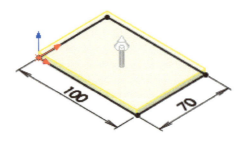

224

5.3 ベースユニットのサブアセンブリ

❷ 支持台の差し込み部の作成

 スケッチ2

下図の面にスケッチ

[ストレートスロット]で、大きさ12mm×3mmを入力します。その後、[スマート寸法]でベースのエッジからの寸法を入力します。

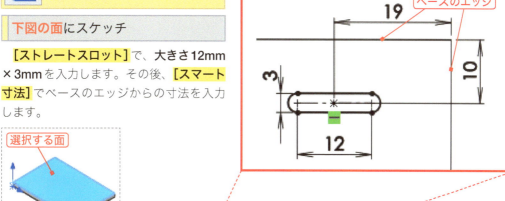

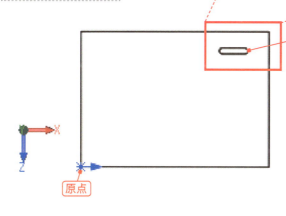

 押し出しカット

スケッチ2を<全貫通>で押し出しカットします。

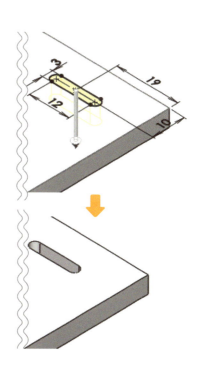

Chapter.5 サブアセンブリを利用したモデリング

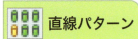 直線パターン

<フィーチャー>にカット-押し出し1を選択します。また、<方向1>にY方向のエッジを選択して、間隔15mm、インスタンス数（コピー数）4を入力します。<方向2>にX方向のエッジを選択して、間隔31mm、インスタンス数（コピー数）2を入力してコピーします。方向の選択は、アイコンクリックでベースの下側方向に設定してください。

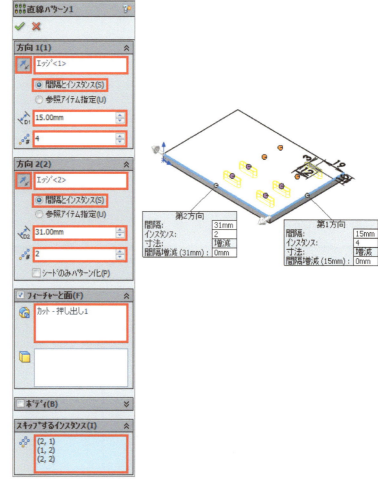

また、<スキップするインスタンス>で図の3つの部分をクリックして、にスキップ（除外）してください。

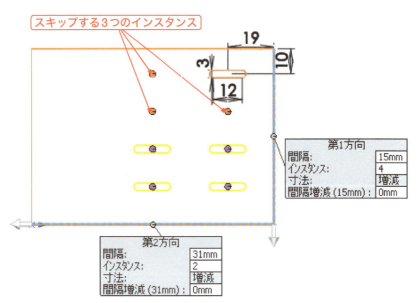

❸ ガード（カバー）部品の差し込み部の作成

スケッチ3

下図の面にスケッチ

［矩形中心］で、大きさ**3.3mm×5.3mm**をベースのエッジに沿って入力します。その後、矩形の中心と原点を**寸法10mm**で入力します。

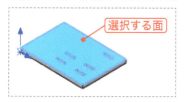

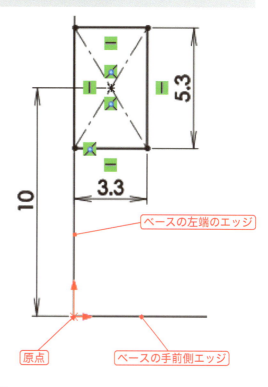

押し出しカット

スケッチ3を**<全貫通>**で押し出しカットします。

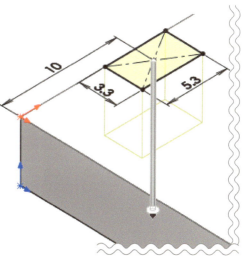

Chapter.5 サブアセンブリを利用したモデリング

直線パターン

<フィーチャー>に**カット-押し出し2**を選択します。**<方向1>**に X方向のエッジを選択し、間隔96.7mm、インスタンス数（コピー数）2を入力します。**<方向2>**はY方向のエッジを選択して、間隔25mm、インスタンス数（コピー数）2を入力してコピーします。

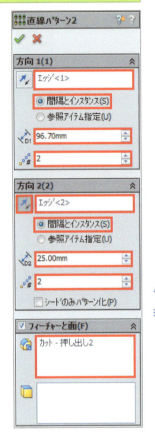

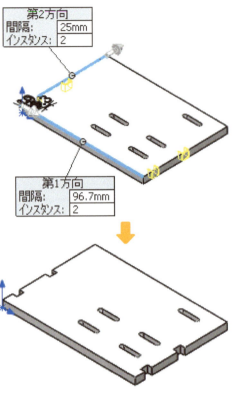

面取り

両端のボス-押し出しカット部分の**4つのエッジ**を選択して、<mark><角度 距離></mark>をチェックして、距離**0.5mm**、角度**60deg**で作成します。

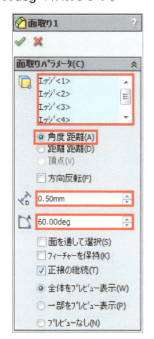

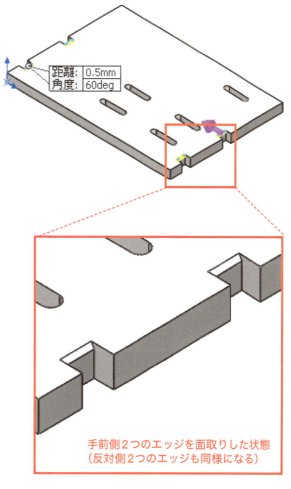

手前側2つのエッジを面取りした状態
（反対側2つのエッジも同様になる）

Chapter.5 サブアセンブリを利用したモデリング

5.3.5 ベースユニットのサブアセンブリ
アセンブリ（合致）＆検証

　ここでは、アセンブリファイルを開く操作説明、及び部品挿入の操作説明は省略します（P.148〜参照）。

　このモデルの合致は、支持台1とベースから始めます。続いて支持台2、支持台3の順に合致していきます。固定する部品はベースになります。

❶ 支持台1とベースの合致

 合致

```
支持台1-1
　一致1 (ベース<1>,支持台1<1>)
　スロット1 (支持台1<1>,ベース<1>)
　平行1 (ベース<1>,支持台1<1>)
```

（1）**支持台1**の**上部測定面**と、ベースの**上面**を選択

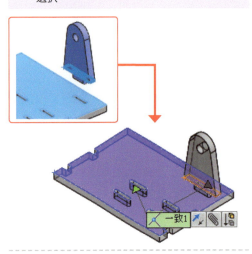

（3）**支持台1**の**スロット部側面**と、ベースの**スロット部側面（カット部側面）**を選択

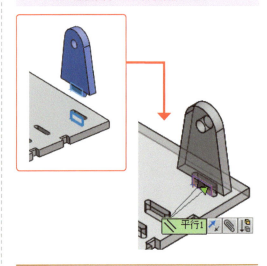

（2）**支持台1**の**スロット部（カット部）**と、ベースの**スロット部**を選択

機械的な合致

参考 面の選択

　合致の前に、図のように支持台を回転させると面を選択しやすくなります。

ドラッグしながら回転させる

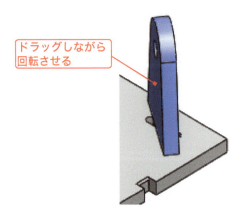

❷ 支持台2とベースの合致

　支持台2は、支持台1と同様に合致させます。ここでは、合致のパネルだけ掲載しますので、これを参考にして、それぞれ合致入力してください。

 合致

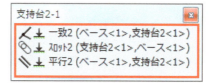

❸ 支持台3とベースの合致

　支持台3も、支持台1と同様に合致させます。ここも、合致のパネルだけ掲載しますので、これを参考にして、それぞれ合致入力してください。

 合致

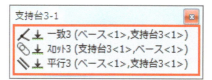

> **参考** 合致の確認
> 　ベースから見た合致は右図のようになります。すでに入力済みの合致ですが、念のため合致入力後に確認してください。

❹ 検証

　ベースユニットの検証として、[測定]でベースと支持台の差し込み部分の間隔を確認してみます。

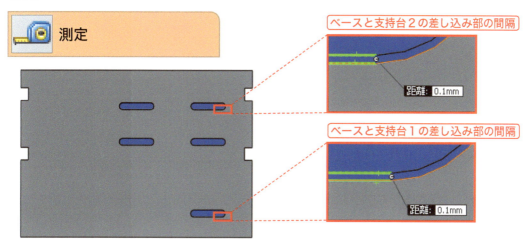

Chapter.5 サブアセンブリを利用したモデリング

5.4 ハンドルユニットのサブアセンブリ

ハンドルユニットのモデリングです。ハンドル部品と軸部品（軸1）で構成されています。

■ 分解した状態

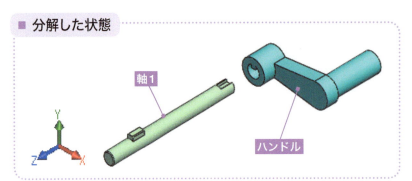

■ 部品番号と部品名

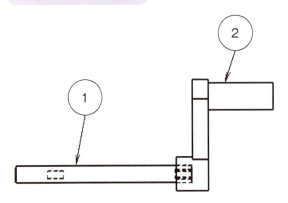

部品番号	部品名	個数
1	軸1	1
2	ハンドル	1

5.4.1 ハンドルのモデリング

ハンドルユニットのサブアセンブリ

ハンドルのモデルを作成します。軸1との結合部は、溝により一緒に回転するようになります。

● 完成イメージ

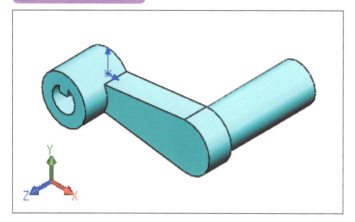

● モデリングの手順

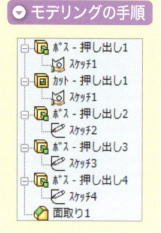

❶ 軸1との結合部の作成

 スケッチ1

[正面]にスケッチ

[円]で、原点を中心として、直径5.2mmと直径10mmの2つを入力します。

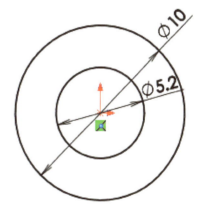

Chapter.5 サブアセンブリを利用したモデリング

 押し出しボス/ベース

スケッチ1を<輪郭選択>で直径10mmのエッジを選択して、距離10mm手前方向に押し出します。

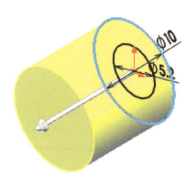

 押し出しカット

スケッチ1を選択して、押し出しカットを起動します。<輪郭選択>で下図の円（直径5.2mm）を選択し、<次から>のパラメータで<サーフェス/面/平面>を選択して距離5mmをカットします。

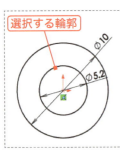

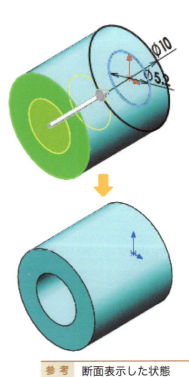

参考　断面表示した状態

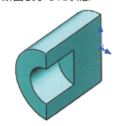

5.4 ハンドルユニットのサブアセンブリ

❷ 軸1との結合部（凸部）の作成

 スケッチ2

下図の面にスケッチ

[矩形中心]で、大きさ2mm×1.6mmで入力します。次に、[スマート寸法]と[幾何拘束]で右図のように入力します（矩形が図のように入力できないバージョンでは、[中心線]や[点]を利用して作成してください）。

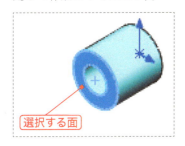

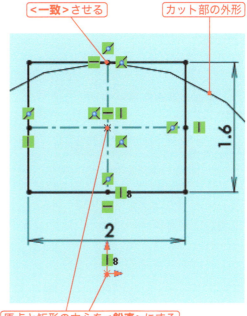

 押し出しボス/ベース

スケッチ2を**距離5mm奥側方向**に押し出します。

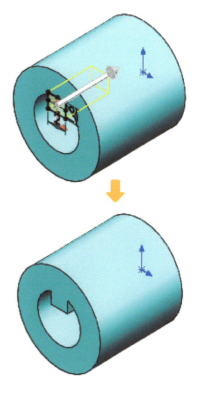

235

Chapter.5 サブアセンブリを利用したモデリング

❸ ハンドルの握り部分の作成

 スケッチ3

下図の面にスケッチ

[円]で、原点を端点として、直径4mmで入力します。次に[円]で、直径10mmで右側位置に<水平>位置状態で入力します。次に[スマート寸法]で、円と円の両端距離を30mmで入力します。続いて[直線]で、円と円を<正接>で接続します。その後、[エンティティトリム]の<パワートリム>で、円の内側部分をトリムします。

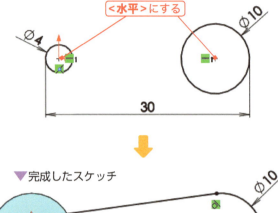

▼2つの円と寸法、幾何拘束を入力した状態

<水平>にする

▼完成したスケッチ

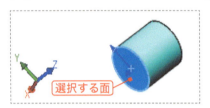

選択する面

 押し出しボス/ベース

スケッチ3を**距離5mm手前方向**に押し出します。

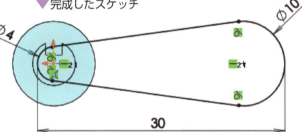

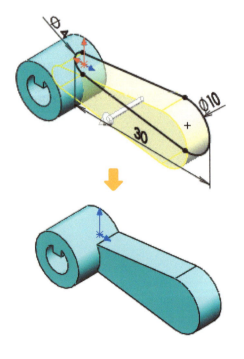

236

5.4 ハンドルユニットのサブアセンブリ

 スケッチ4

下図の面にスケッチ

[円]で、直径8mmを入力します。次に、[幾何拘束]で右図のように<同心円>を入力します。

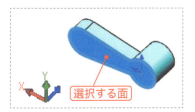

▼正面から表示してスケッチ

円と円弧で<同心円>

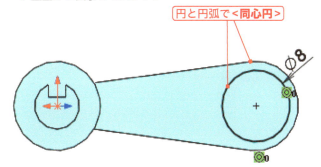

 押し出しボス/ベース

スケッチ4を距離20mm奥側方向に押し出します。

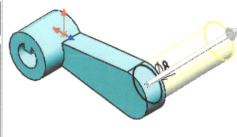

 面取り

下図に示す2つのエッジを選択して、<距離 距離>で<等しい距離>をチェックして、距離0.25mmで作成します。

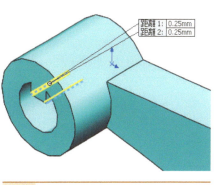

参考 作成した面取り

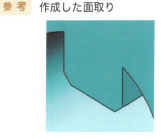

Chapter.5 サブアセンブリを利用したモデリング

5.4.2	ハンドルユニットのサブアセンブリ
	軸1のモデリング

ハンドル用の軸（軸1）のモデルを作成します。支持台1との結合部、軸1との結合部もモデル化します。

● 完成イメージ

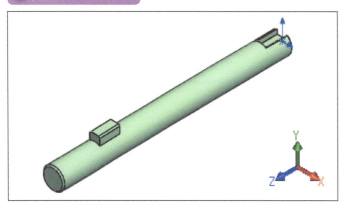

● モデリングの手順

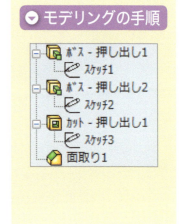

❶ 軸の円筒部の作成

 スケッチ1

[正面]にスケッチ

[円]で、原点を中心として直径5mmで入力します。

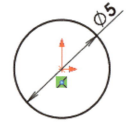

 押し出しボス/ベース

スケッチ1を**距離55mm手前方向**に押し出します。

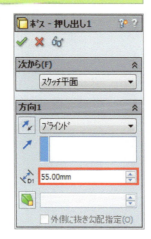

238

❷ 支持台1との結合部（凸部）の作成

 スケッチ2

下図の面にスケッチ

[矩形コーナー]で、大きさ2.5mm×4mmで入力します。次に、[中心線]で、上辺と下辺の中点を結びます。その後、[幾何拘束]で底辺と原点で<中点>を入力します。

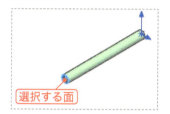

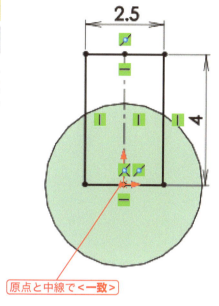

 押し出しボス/ベース

スケッチ2を<次から>の<オフセット値>5.5mmを入力し、距離9mm奥側方向に押し出しします。

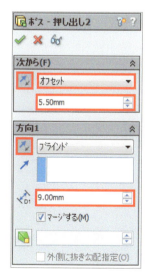

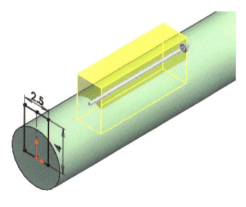

Chapter.5 サブアセンブリを利用したモデリング

❸ ハンドルとの結合部（凹部）の作成

✏️ スケッチ3

下図の面にスケッチ

[矩形中心]で、大きさ2.4mm×1.61mmで入力します。その後、[幾何拘束]で原点と矩形の中心に<鉛直>を入力します。

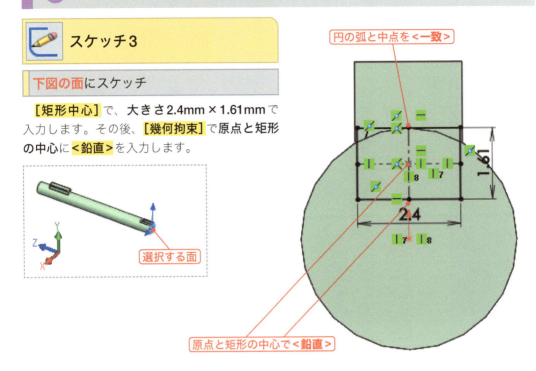

📦 押し出しカット

スケッチ3を**距離5mm**で**手前方向**に押し出しカットします。

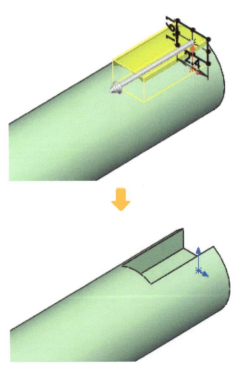

240

5.4 ハンドルユニットのサブアセンブリ

 面取り

キー溝部分など**7つのエッジ**を選択して、<角度 距離>をチェックして、距離**0.3mm**、角度**45deg**で作成します。

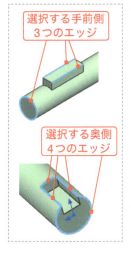

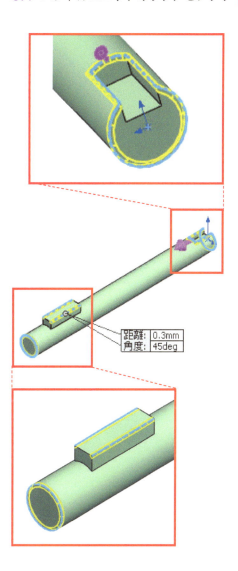

参考　<角度 距離>でなく、<距離 距離>で指定しても構いません。

Chapter.5 サブアセンブリを利用したモデリング

5.4.3 ハンドルユニットのサブアセンブリ　アセンブリ（合致）＆検証

　ここでも、アセンブリファイルを開く操作説明、及び部品挿入の操作説明は省略します（P.148〜参照）。

　このアセンブリは、軸1とハンドルの2つの部品からできています。固定する部品は軸1になります。

❶ 軸1とハンドルの合致

 合致

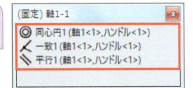
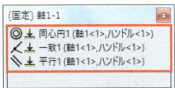

(1) **軸1**の**円筒部の面**と、ハンドルの**円筒部のカット面**を選択

(2) **軸1**の**背面**と、ハンドルの**円筒部の底面**を選択

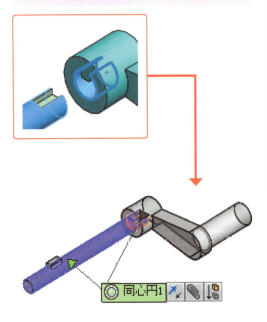
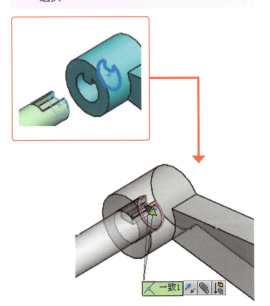

参考　面の選択ができないときは、すでに入力済みの合致を抑制して操作してください。

(3) 軸1のキー溝底面と、ハンドルの突起部底面を選択

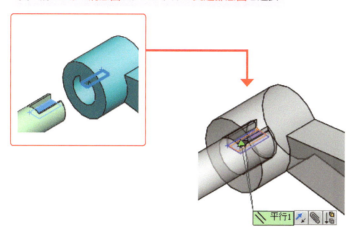

❷ 検証

羽根ユニットの検証として、[測定]でハンドルと軸2の間隔を確認してみます。

ハンドルユニットの軸1とハンドルのクリアランス（隙間）は0.1mmとなります。

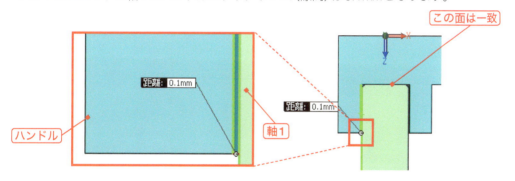

上図の計測は、アセンブリ作成後に確認できます。

参考　実際に加工して全体を組み立てるときは、支持台1に軸1を挿入しておく必要があります。

Chapter.5 サブアセンブリを利用したモデリング

5.5 羽根ユニットのサブアセンブリ

羽根と軸とピンの3部品からなる、羽根ユニットのアセンブリモデルになります。

アセンブリの完成モデル

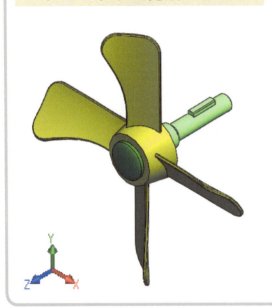

挿入部品・合致

- (固定) 軸2<1> (デフォルト<表示状態-1>)
- 羽根<1> (デフォルト<表示状態-1>)
- ピン<1> (デフォルト<表示状態-1>)
- 合致
  - 同心円1 (羽根<1>,軸2<1>)
  - 一致1 (軸2<1>,羽根<1>)
  - 平行1 (軸2<1>,羽根<1>)
  - 同心円2 (軸2<1>,ピン<1>)
  - 一致2 (軸2<1>,ピン<1>)
  - 一致3 (羽根<1>,ピン<1>)

■ 分解した状態

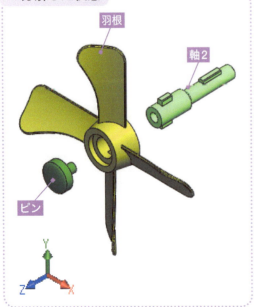

■ 部品番号と部品名

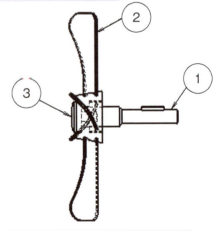

部品番号	部品名	個数
1	軸2	1
2	羽根	1
3	ピン	1

5.5.1 羽根のモデリング

羽根ユニットのサブアセンブリ

羽根のモデリングを説明します。ロフトで作成した4枚の羽根でできていますが、羽根の形状や枚数はアレンジしても構いません。ただし、組み立てたときにベースより上の位置になるようにしてください。回転したときに底と干渉しないように注意してください。

● 完成イメージ

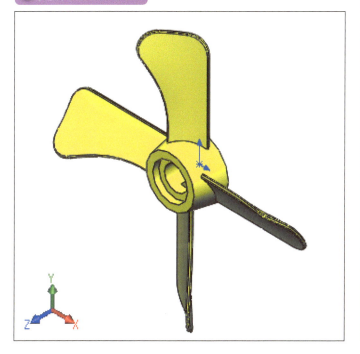

● モデリングの手順

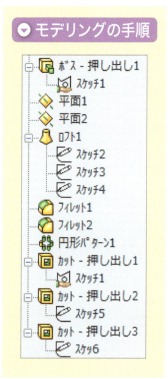

❶ 羽根の中心部分（円筒部）の作成

 スケッチ1

[正面] にスケッチ

[円] で、原点を中心として、直径20mmで入力します。次に、[エンティティオフセット] で<オフセット距離>6mmの円を入力します。

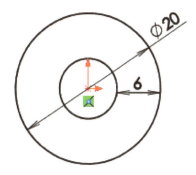

245

Chapter.5 サブアセンブリを利用したモデリング

 押し出しボス/ベース

スケッチ1を<輪郭選択>で直径20mmのエッジを選択して、距離10mmと<勾配>を10degで入力して手前方向に押し出します。

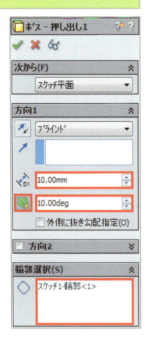

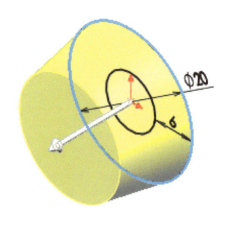

参考　底面方向からの表示

 参照ジオメトリ/平面

<第1参照>に平面（デフォルトへの平面）を選択し、<オフセット距離>20mm上方向で<作成する平面数>に2を入力して、新しい平面を作成します。

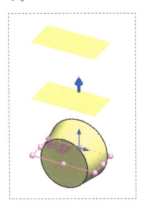

5.5 羽根ユニットのサブアセンブリ

❷ 羽根形状の作成

 スケッチ2

[平面]にスケッチ

[3点円弧]で、任意の3点をクリックして**半径30mm**で入力します。次に[エンティティオフセット]で<オフセット距離>**1mm**で入力します。さらに、[直線]で結び閉じた輪郭とします。その後、[スマート寸法]で右図のようにスケッチを完成させます。

▼円弧をオフセットにした状態

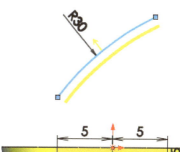

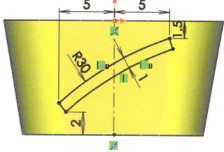

 スケッチ3

[平面1]にスケッチ

[エンティティ変換]で、スケッチ2の直線と円弧を選択して、右図の輪郭を作成します。

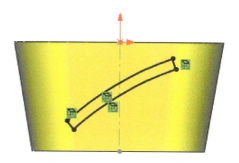

参考　平面1に作成されたスケッチ3

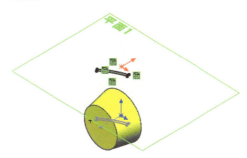

247

Chapter.5 サブアセンブリを利用したモデリング

 スケッチ4

[平面2]にスケッチ

[エンティティ変換]と[直線]で、右図のように作成します。変換したエンティティは、ドラッグで伸ばしてください。その後、[スマート寸法]でスケッチを完成させます。

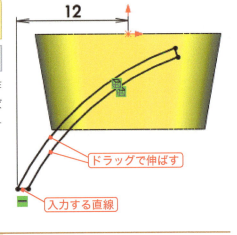

POINT スケッチの表示/非表示

● ヘッズアップビューツールバーでスケッチを表示にします。

● スケッチをクリックして表示にします。

参考 平面2に作成されたスケッチ4

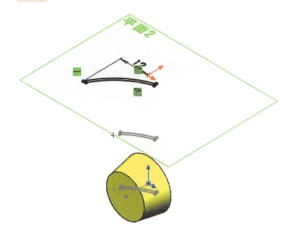

 ロフト

<輪郭>にスケッチ2、スケッチ3、スケッチ4を順番に選択して、羽根形状を作成します。選択は、エッジの端点でねじれないようにしてください(ねじれた状態のときは、ドラッグで修正してください)。

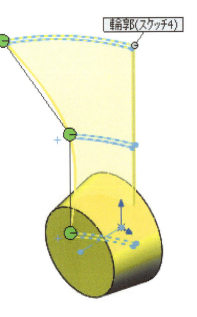

5.5 羽根ユニットのサブアセンブリ

 フィレット

フィレットタイプ：

羽根部分の**2つのエッジ**を選択して、**半径5mm**で作成します。

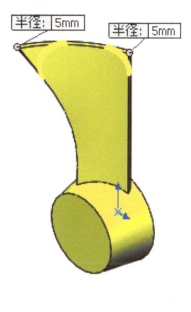

 フィレット

フィレットタイプ：

羽根部分の**2つのエッジ**を選択して、**半径0.25mm**で作成します。このとき、**<正接の接続>** はチェック状態にしてください。

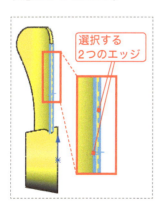

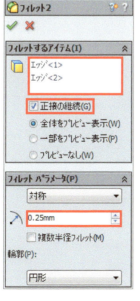

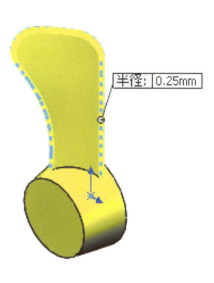

Chapter.5　サブアセンブリを利用したモデリング

円形パターン

<パターン軸> に、下図の**エッジ**を選択します。次に、**<フィーチャー>** に**ロフト1**、**フィレット1**、**フィレット2**を選択して、**<インスタンス数>** に4枚、360deg、**<等間隔>** で入力します（軸は**[一時的な軸]**でも構いません）。

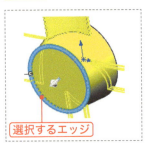

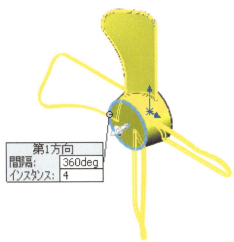

押し出しカット

スケッチ1のオフセットした**円のエッジ**を**輪郭選択**して、**<全貫通>** で押し出しカットします。

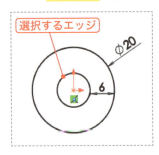

250

5.5 羽根ユニットのサブアセンブリ

❸ 軸2の差し込み部の作成

スケッチ5

下図の面にスケッチ

[矩形中心]で、原点を中心として、大きさ 2.6mm×12.2mm で入力します。

▼下図は正面から表示してスケッチ

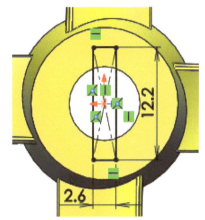

押し出しカット

スケッチ5を**距離5mm手前方向**に押し出しカットします。

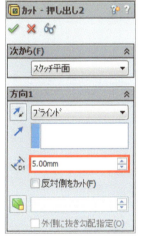

参考 カット後に表示方向を変えた状態

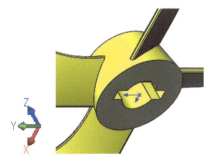

Chapter.5 サブアセンブリを利用したモデリング

❹ ピンの差し込み部の作成

 スケッチ6

下図の面にスケッチ

［エンティティオフセット］で、**＜オフセット距離＞2mm**の円を作成します。

選択する面

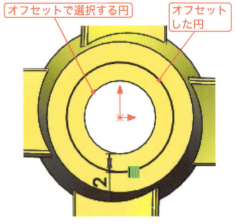
オフセットで選択する円
オフセットした円

 押し出しカット

スケッチ6を**距離2mm奥側方向**に押し出しカットします。

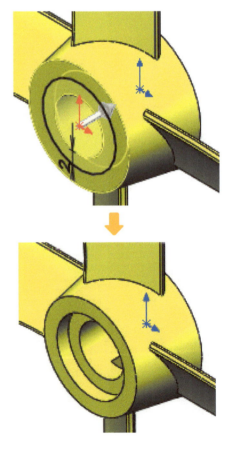

252

5.5 羽根ユニットのサブアセンブリ

5.5.2 軸2のモデリング
羽根ユニットのサブアセンブリ

羽根やギヤ（ギヤ2）と結合する軸2のモデルを作成します。

⬤ 完成イメージ

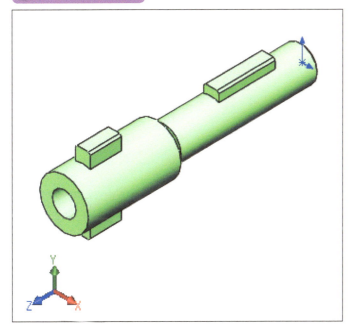

⬤ モデリングの手順

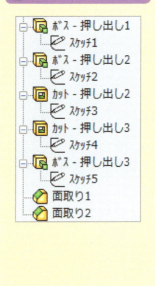

❶ 軸の円筒部の作成

 スケッチ1

[正面]にスケッチ

[円]で、原点を中心として、直径7.8mmで入力します。

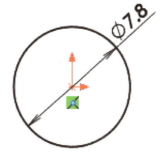

253

Chapter.5 サブアセンブリを利用したモデリング

 押し出しボス/ベース

スケッチ1を**距離38mm手前方向**に押し出します。

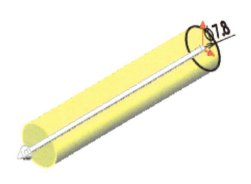

❷ 羽根との結合部の作成

 スケッチ2

下図の面にスケッチ

[矩形中心] で、原点を中心として、大きさ**2.4mm×11.8mm**で入力します。

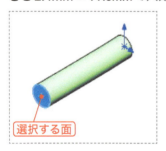
選択する面

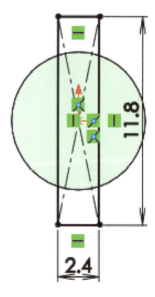

押し出しボス/ベース

スケッチ2を**<次から>**の**<オフセット値>**3mmにして、距離5mm奥側方向に押し出します。

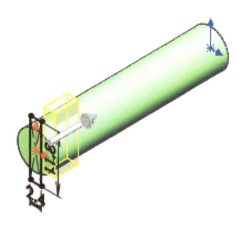

参考　側面向方向からの表示

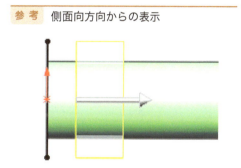

❸ ピンの差し込み部の作成

 スケッチ3

下図の面にスケッチ

［エンティティオフセット］で、**<オフセット距離>**2mmの円を入力します。

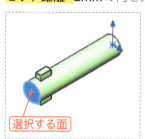
選択する面

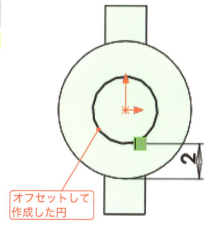
オフセットして作成した円

Chapter.5 サブアセンブリを利用したモデリング

 押し出しカット

スケッチ3を**距離6mm奥側方向**に押し出しカットします。

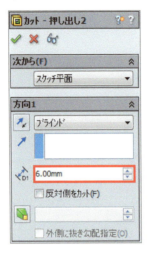

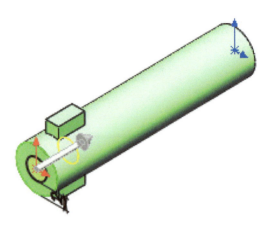

❹ 支持台3の差し込み部への作成（カットして差し込める大きさへ）

 スケッチ4

下図の面にスケッチ

[**エンティティ変換**]で、右図の円を入力します。次に、[**エンティティオフセット**]で、**<オフセット距離>1.2mm**の円を入力します。

選択する面

▼正面を表示してスケッチ

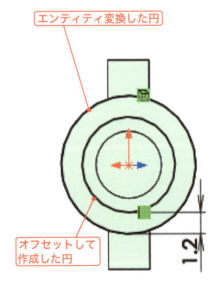

エンティティ変換した円

オフセットして作成した円

5.5 羽根ユニットのサブアセンブリ

 押し出しカット

スケッチ4を**距離22mm手前方向**に押し出しカットします。

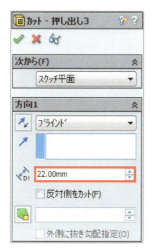

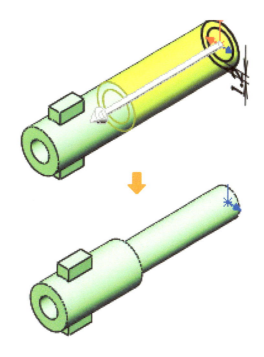

❺ ギヤ部の接合部の作成

 スケッチ5

下図の面にスケッチ

[矩形中心]で、大きさ2.4mm×3.9mmで入力します。次に、[幾何拘束]で、原点と矩形底辺の中点を<一致>させてください。

選択する面

原点と直線の中点を<一致>

257

Chapter.5 サブアセンブリを利用したモデリング

 押し出しボス/ベース

スケッチ5を**<次から>**の**<オフセット値>5.5mm**で、距離**9mm**奥側方向に押し出します。

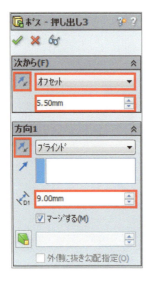

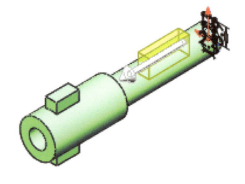

参考　右側面方向からの表示

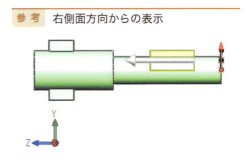

 面取り

下図に示す**7つのエッジ**を選択し、**<距離 距離>**を指定して、距離**0.3mm**、**<等しい距離>**をチェックして作成します。

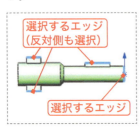

選択するエッジ（反対側も選択）
選択するエッジ

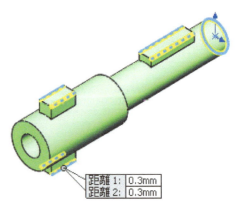

258

面取り

下図に示す**エッジ**を選択して、**<角度 距離>**をチェックして、**距離1.2mm**、**角度45deg**で作成します。

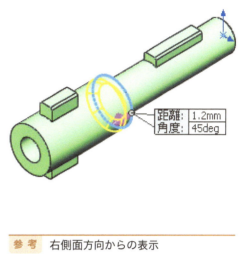

参考　右側面方向からの表示

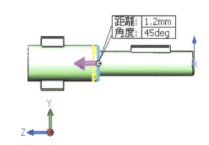

5.5.3 ピンのモデリング
羽根ユニットのサブアセンブリ

羽根の前部に取り付けるピンの説明です。ここでは、上部の曲面部分をドームフィーチャーで作成しています。簡単に曲面を表現できるのでこのモデル以外にも利用してみてください。

● 完成イメージ

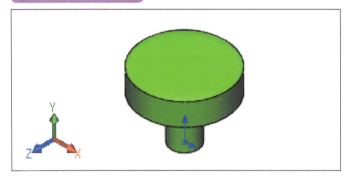

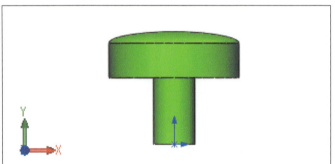

● モデリングの手順

❶ ピン外形の作成

 スケッチ1

[正面]にスケッチ

[中心線]で、原点から鉛直方向に線分を入力します。次に、[直線]で、回転する輪郭（6つの直線）を入力します。その後、[スマート寸法]を入力します。

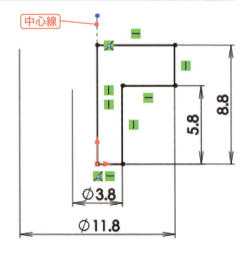

5.5 羽根ユニットのサブアセンブリ

 回転ボス/ベース

スケッチ1を**<回転軸>**に**直線1**を選択して、**<方向1>**を**360deg**で作成します。

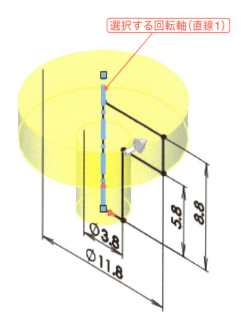

選択する回転軸（直線1）

❷ ピン上面の丸み付け

 ドーム

ここでは、上部の丸みに**[ドーム]**を利用してみます。**上面**を選択して、**<楕円形ドーム>**にチェックして、**距離1mm 上側方向**で作成します。

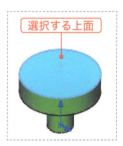

選択する上面

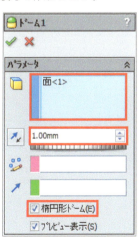

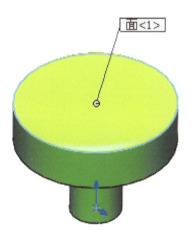

面<1>

Chapter.5 サブアセンブリを利用したモデリング

5.5.4 羽根ユニットのサブアセンブリ　アセンブリ（合致）＆検証

ここでも、アセンブリファイルを開く操作説明、及び部品挿入の操作説明は省略します（P.148〜参照）。

このモデルの合致順序は、軸2と羽根の合致から始め、最後にピンと合致しています。軸2が固定になります。

❶ 軸2と羽根、軸2とピンの合致

合致

```
(固定) 軸2-1
◎ 同心円1 (羽根<1>,軸2<1>)
＼ 一致1 (軸2<1>,羽根<1>)
＼ 平行1 (軸2<1>,羽根<1>)
◎ 同心円2 (軸2<1>,ピン<1>)
＼ 一致2 (軸2<1>,ピン<1>)
```

（1）軸2の円筒部の面と、羽根の円筒部のカット面を選択

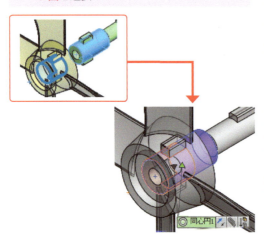

（2）軸2の前面と、羽根の円筒部のカット底面を選択

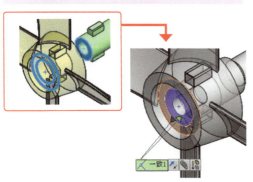

（3）軸2の突起部の側面と、羽根のキー溝部底面を選択

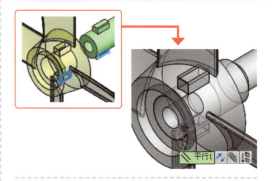

（4）軸2の円筒部のカット面と、ピンの円筒面を選択

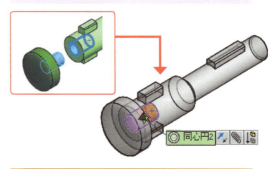

参考　右側面方向からの表示

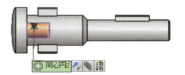

5.5 羽根ユニットのサブアセンブリ

(5) **軸2**の**前面**と、**ピン**の**頭部裏面**を選択

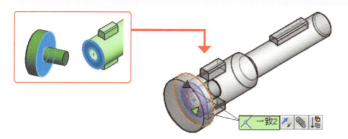

❷ 羽根とピンの合致

 合致

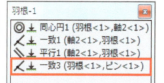
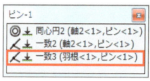

(1) **羽根**の**平面**と、**ピン**の**正面**を選択

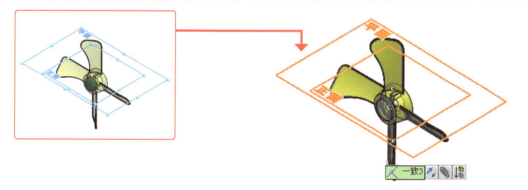

❸ 検証

羽根ユニットの検証として、[測定]で羽根と軸2の差し込み部分の間隔を確認してみます。

測定

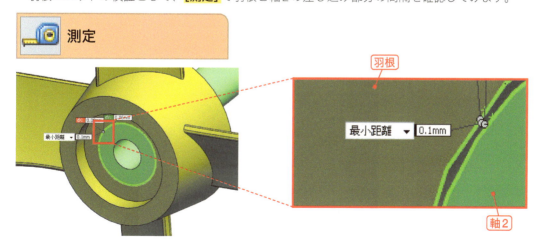

263

Chapter.5 サブアセンブリを利用したモデリング

5.6 ガード(カバー)のモデリング

　ここでは、ギヤ部を囲むガード(カバー)のモデリングを説明します。羽根部とハンドル部はガードの外側になり、ベースと結合します。ギヤ部が囲まれる状態であればアレンジしても構いません。

● 完成イメージ

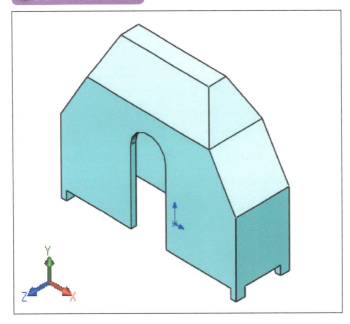

● モデリングの手順

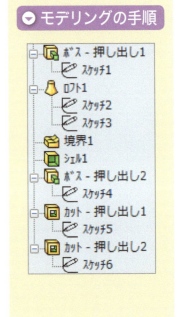

❶ ガードの下段部の作成

　スケッチ1

[平面]にスケッチ

[矩形中心]で、原点を中心として、大きさ100mm×30mmを入力します。

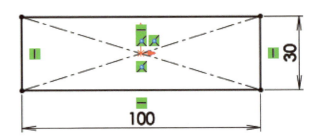

5.6 ガード（カバー）のモデリング

 押し出しボス/ベース

スケッチ2を**距離35mm上側方向**に押し出します。

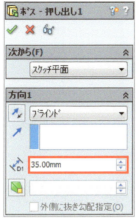
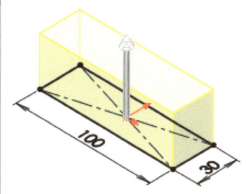

 参照ジオメトリ/平面

<第1参照>に**平面**を選択して、**距離20mm**、**<個数>2個**で新しい平面を作成します。

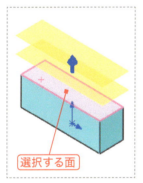
選択する面

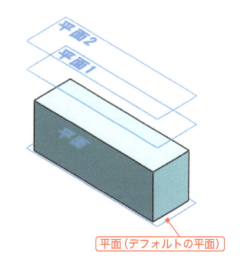
平面（デフォルトの平面）

参考　正面から見た表示

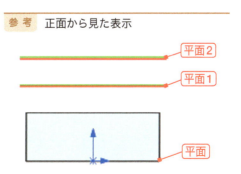
平面2
平面1
平面

265

Chapter.5 サブアセンブリを利用したモデリング

❷ ガードの上段部の作成

 スケッチ2

[平面1] にスケッチ

[矩形中心] で、原点を中心として、大きさ 70mm × 30mm で入力します。

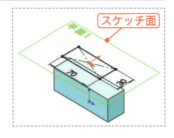
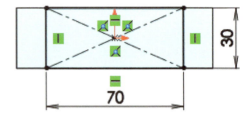

 スケッチ3

[平面2] にスケッチ

[エンティティオフセット] で、スケッチ2の矩形をオフセット距離10mmで入力します。

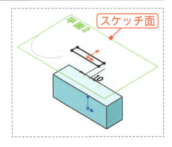
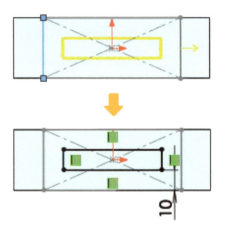

 ロフト

<輪郭>にスケッチ2とスケッチ3を選択して、ロフト形状により本体部分を作成します。選択は、デザインツリーからクリックすると真っ直ぐ結ばれます（マウスによるスケッチクリックだとねじれた状態になります）。

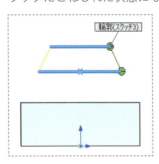

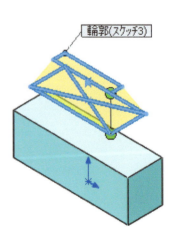

5.6 ガード（カバー）のモデリング

❸ ガードの中段部の作成

 境界ボス/ベース

<境界面> に**面1**と**面2**を選択して、境界形状を作成します。

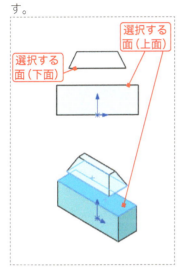

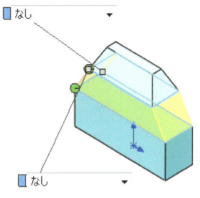

 シェル

下図の**面**を選択して、**厚み3mm**でシェルを作成します。

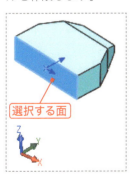

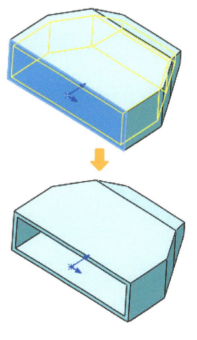

Chapter.5 サブアセンブリを利用したモデリング

❹ ベースとの結合部の作成

 スケッチ4

下図の面にスケッチ

[矩形コーナー]で、大きさ50mm×40mmの輪郭（外形）を4つ入力します。

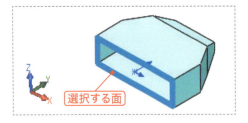

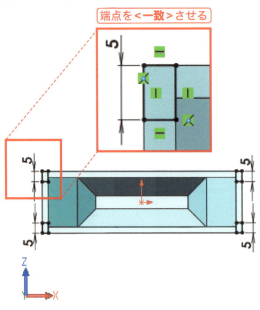

 押し出しボス/ベース

スケッチ4を**距離5mm下方向（アイコンで切替）**に押し出します。

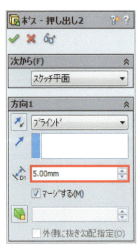

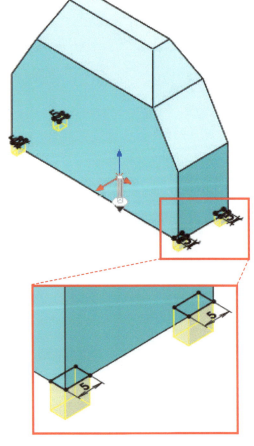

❺ 羽根ユニット用のカット部分の作成

スケッチ5

下図の面にスケッチ

[直線]と[正接円弧]で、右図の輪郭を入力します。

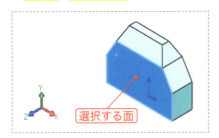

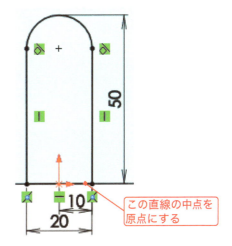

押し出しカット

スケッチ5を**<次サーフェスまで>**で押し出しカットします。

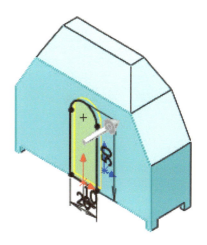

Chapter.5　サブアセンブリを利用したモデリング

❻ ハンドルユニット用のカット部分の作成

 スケッチ6

下図の面にスケッチ

[**直線**]と[**正接円弧**]で、右図の輪郭を入力します。

▼ 背面を表示してスケッチ

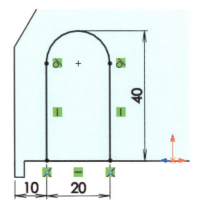

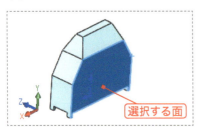

 押し出しカット

スケッチ6を**<次サーフェスまで>**で押し出しカットします。

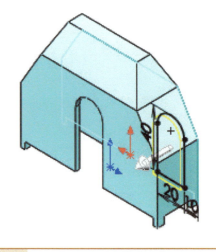

参考 カットされた裏側部分の表示

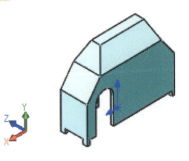

Chapter.5 サブアセンブリを利用したモデリング

5.7 回転機構全体のアセンブリ（合致）、及び検証

　ここでも、アセンブリファイルを開く操作説明、及び部品挿入の操作説明は省略します（P.148～参照）。

　ここまでは、各ユニットのモデリング及びアセンブリを説明してきましたが、ここからは全体のアセンブリになります。なお、ギヤ1、ギヤ2、ガードの各部品は、この全体でのアセンブリで合致させています。

　合致操作で面選択ができないときは、操作前に**抑制**、**非表示**などを活用してください。

❶ ハンドルユニットとベースユニットの合致

 合致

```
ハンドルユニット-1
　同心円1（ハンドルユニット<1>,ベースユニット<1>）
　一致1（ハンドルユニット<1>,ベースユニット<1>）
　同心円2（ハンドルユニット<1>,ギヤ1<1>）
　平行1（ハンドルユニット<1>,ギヤ1<1>）
```

（1）ハンドルユニット（軸1）の円筒部と、ベースユニット（支持台1）の円筒部を選択

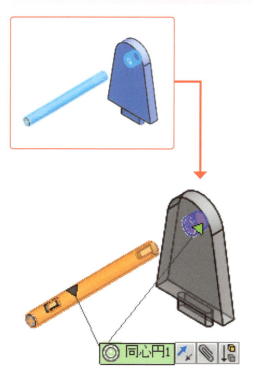

（2）ハンドルユニット（ハンドル）の挿入部の手前面と、ベースユニット（支持台1）の裏面を選択

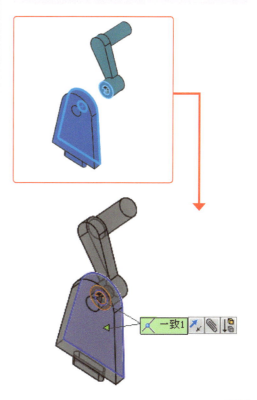

Chapter.5 サブアセンブリを利用したモデリング

❷ ギヤ1とハンドルユニットの合致

 合致

```
ギヤ1-1
◎⊥ 同心円2 (ハンドルユニット<1>,ギヤ1<1>)
▷◁ 幅1 (ギヤ1<1>,ベースユニット<1>)
⦨⊥ 平行1 (ハンドルユニット<1>,ギヤ1<1>)
✕ 一致2 (ギヤ1<1>,ギヤ2<1>)
⚙ ｷﾞｱ合致1 (ギヤ1<1>,ギヤ2<1>)
⦨ 平行3 (ギヤ1<1>,ギヤ2<1>)
```

(1) **ギヤ1**の**穴面（円筒面）**と、**ハンドルユニット（軸1）**の**円筒面**を選択

(3) **ギヤ1**の**キー溝面**と、**ベースユニット（軸1）**の**キー部上面**を選択

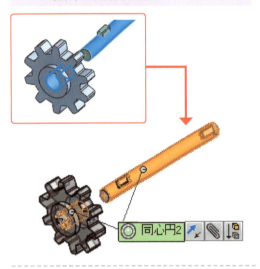

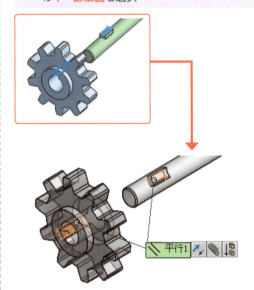

(2) **ギヤ1**の**前面**と**裏面**、**ハンドルユニット（支持台2）**の**内側の2面**を選択

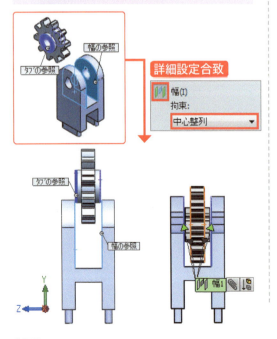

| 参考 | 面の選択ができないときは、すでに入力済みの合致を抑制して操作してください。 |

272

5.7 回転機構全体のアセンブリ（合致）、及び検証

❸ ギヤ1とギヤ2の合致

 合致

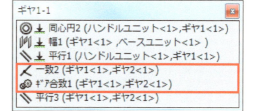

(1) ギヤ1の前面と、ギヤ2の前面を選択

(2) ギヤ1の歯底面と、ギヤ2の歯底面を選択

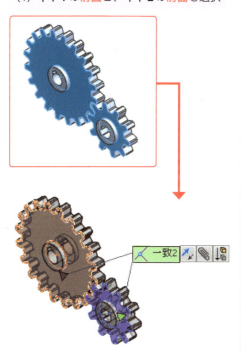

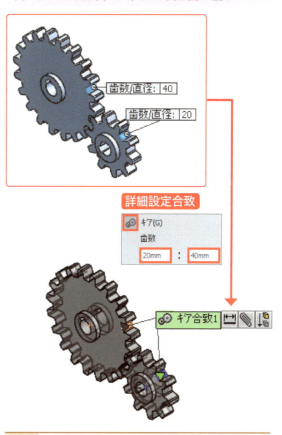

詳細設定合致

参考　ギヤ合致の干渉部調整

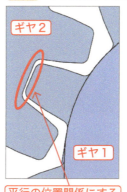

　ギヤ合致を入力する前に歯形の位置を左図のようにギヤ1の歯先面とギヤ2の歯底面を平行になるように設定します。合致後に干渉がある場合は位置を調整してください。
　また、この段階では、ギヤ2が固定されていないためいったん以後の合致を入力して、後で調整しても構いません。

273

❹ ギヤ2と羽根ユニットの合致

 合致

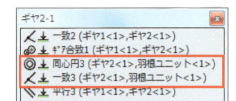

(1) **ギヤ2**の円筒面と、羽根ユニット（軸2）の穴面（円筒カット面）を選択

(2) **ギヤ2**の平面（デフォルトの平面）と、羽根ユニット（軸2）の平面（デフォルトの平面）を選択

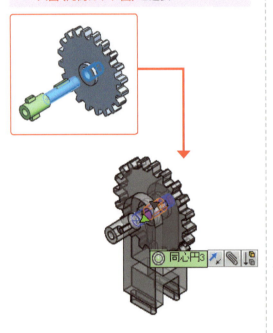

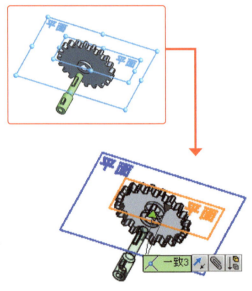

| 参考 | この状態で【干渉チェック】でエラーになるときは以下の操作を行ってください。 |

● 一致3の合致の状態を下図に変更する

● 一致3の合致の代わりにキー溝部に平行の合致を入力する

5.7 回転機構全体のアセンブリ（合致）、及び検証

❺ 羽根ユニットと支持台3の合致

 合致

```
羽根ユニット-1
◎ ⊥ 同心円4 (羽根ユニット<1>,ベースユニット<1>)
人 ⊥ 一致4 (羽根ユニット<1>,ベースユニット<1>)
◎ ⊥ 同心円3 (ギヤ2<1>,羽根ユニット<1>)
人 ⊥ 一致3 (ギヤ2<1>,羽根ユニット<1>)
```

(1) 羽根ユニット（軸2）の円筒面と、ベースユニット（支持台3）の両側面を選択

(2) 羽根ユニット（軸2）の右側面と、ベースユニット（支持台3）の下図の側面を選択

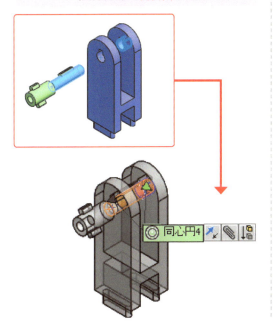
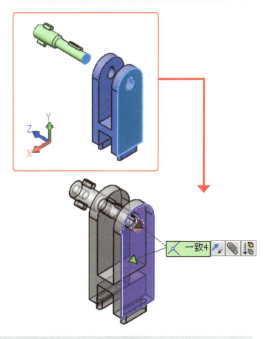

❻ ギヤ1とギヤ2の合致（完全拘束用）

 合致

```
ギヤ2-1
人 ⊥ 一致2 (ギヤ1<1>,ギヤ2<1>)
🦷 ⊥ ギア合致1 (ギヤ1<1>,ギヤ2<1>)
◎ ⊥ 同心円3 (ギヤ2<1>,羽根ユニット<1>)
人 ⊥ 一致3 (ギヤ2<1>,羽根ユニット<1>)
⫽ ⊥ 平行3 (ギヤ1<1>,ギヤ2<1>)
```

(1) ギヤ1の平面（デフォルトの平面）と、ギヤ2の右側面（デフォルトの右側面）を選択

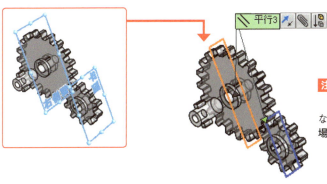

注意

この合致により、完全定義になって動かなくなります。ギヤを画面上で回転させる場合は、抑制してください。

275

Chapter.5　サブアセンブリを利用したモデリング

❼ ガードとベースユニットの合致

 合致

```
ガード-1
幅2 (ベースユニット<1>,ガード<1>)
一致5 (ベースユニット<1>,ガード<1>)
一致6 (ベースユニット<1>,ガード<1>)
```

(1) ガードの前面、足部側面と、ベースユニット（ベース）の矩形カット部の両側面を選択

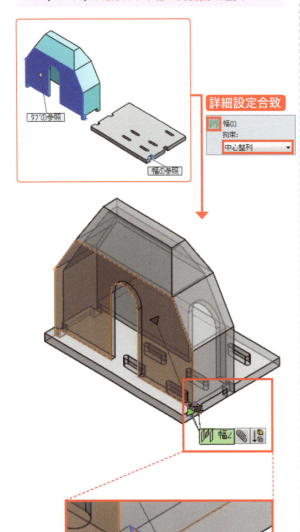

詳細設定合致

幅(1)
拘束：
中心整列

(2) ガードの側面と、ベースユニット（ベース）の側面を選択

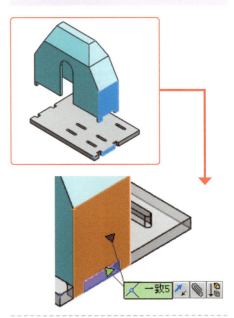

(3) ガードの上面と、ベースユニット（ベース）の底面（足部ではない面）を選択

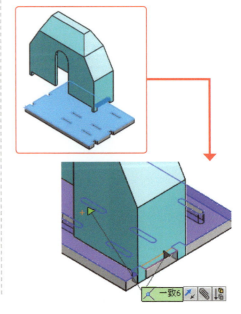

❽ 回転機構全体の検証

[干渉確認]で干渉がないこと、及び各ユニットの動きなどを確認してください。各部品の結合状態は、[計測]で間隔を確認してください。以下に幾つかの例を紹介します。また、動きはハンドルを回転させギヤや羽根が連動することを確認してください。

その他、必要に応じて[クリアランス検証]なども活用してください。

検証例1：表示による状態確認

断面表示

断面表示して部品間の隙間などを確認します。

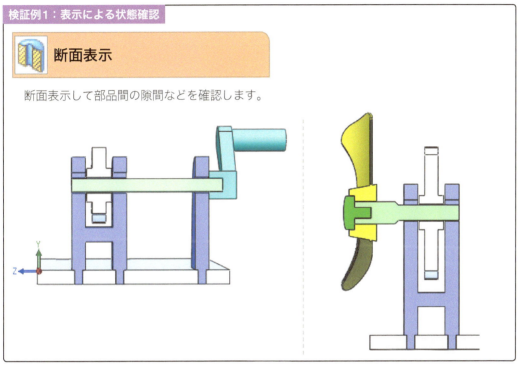

検証例2：ギヤ1と軸1の間隔

測定

ギヤ1（小ギヤ）と軸1の距離：0.5mm

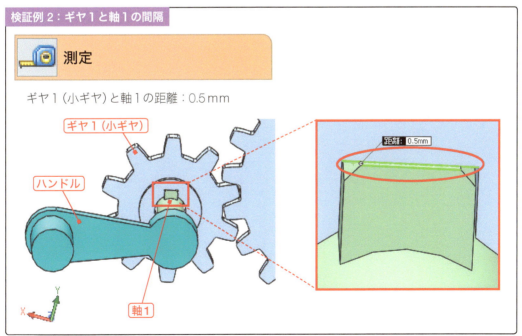

Chapter.5　サブアセンブリを利用したモデリング

検証例3：ギヤ2と軸2の間隔

📏 測定

ギヤ2（大ギヤ）と軸2の距離：0.1mm

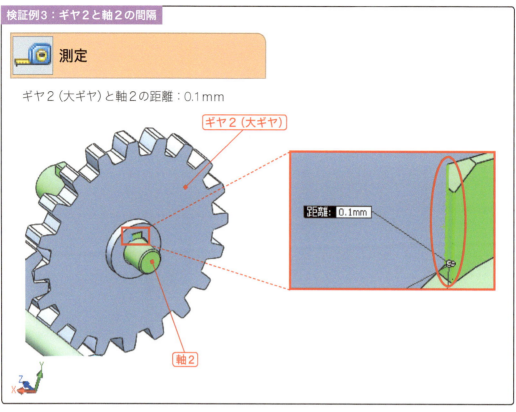

検証例4：ギヤ1（小ギヤ）とギヤ2（大ギヤ）の間隔

📏 測定

歯先部分には空間があります。間隔は回転の状態で異なります。

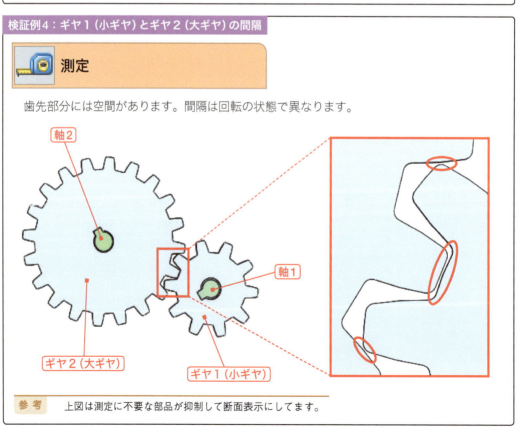

参考　上図は測定に不要な部品が抑制して断面表示にしてます。

Chapter. 6
加工を考慮したモデリング

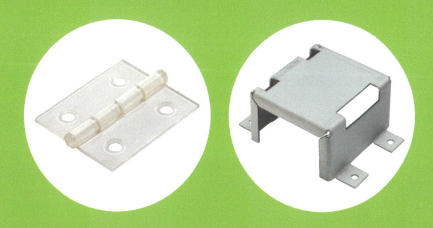

Contents

6.1　ヒンジ（蝶番）のモデリング　　P.280
6.2　板金カバーのモデリング　　P.293

Chapter.6 加工を考慮したモデリング

6.1 ヒンジ(蝶番)のモデリング

　ヒンジ(蝶番)のモデルを3Dプリンターを利用して、アセンブリ状態で出力(造形)することを想定して説明します。モデリングは、クリアランス(部品同士の間隔)を考慮しており、出力(STL形式のファイルに保存)するまでの操作になります。アセンブリは、下図に示す3つの部品で構成されていますが、プレート1とプレート2は同じものになります。

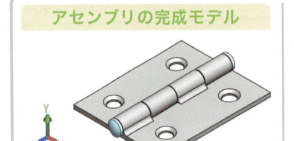

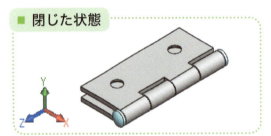

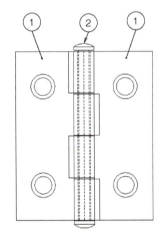

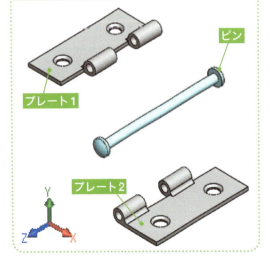

部品番号	部品名	個数
1	プレート	2
2	ピン	1

280

6.1.1 プレートのモデリング＆検証

ヒンジ（蝶番）のモデリング

プレートのモデルを作成します。アセンブリのときは、2個同じものを左右で利用します。

● 完成イメージ

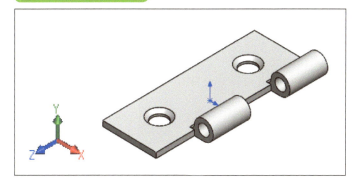

● モデリング手順

❶ プレート本体部の形状作成

 スケッチ1

[平面]にスケッチ

[矩形中心]で、原点を中心にして、大きさ20mm×48mmで入力します。

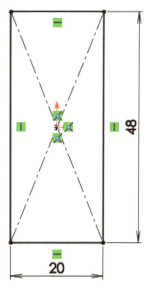

Chapter.6 加工を考慮したモデリング

 押し出しボス/ベース

スケッチ1を**距離1.6mm**で**上方向**に押し出します。

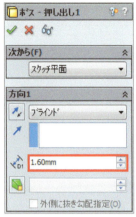
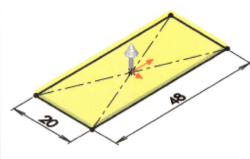

❷ ヒンジ部の形状作成

 スケッチ2

[正面] にスケッチ

[直線] と **[円]** で、右図のようにスケッチします。次に、**[エンティティのトリム]** により円の一部を削除します。円と直線は **<正接>** で拘束してください。

▼入力する直線と円

▼完成したスケッチ

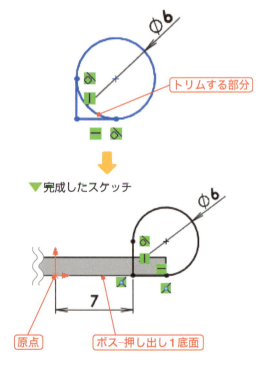

6.1 ヒンジ(蝶番)のモデリング

 押し出しボス/ベース

スケッチ2を<中間平面>で距離48mmで押し出します。

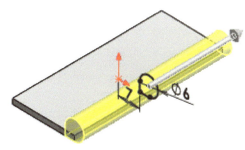

 スケッチ3

[正面]にスケッチ

[円]で、外径円の中心を中心として、直径3.5mmで入力します。

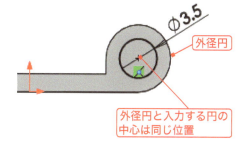

 押し出しカット

スケッチ3を<中間平面>で距離48mmで押し出しカットします。

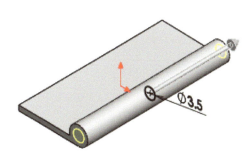

Chapter.6 加工を考慮したモデリング

 スケッチ4

[平面]にスケッチ

[矩形コーナー]で、左右の辺がボス-押し出し2のエッジに合わせて入力します。矩形は、上下に2つ入力します。

▼入力する2つの矩形

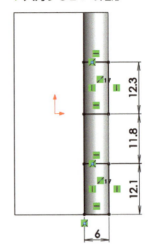

 押し出しカット

スケッチ4を**<全貫通>**で**上方向**に押し出しカットします。

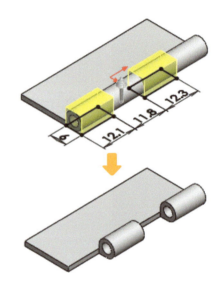

フィレット

フィレットタイプ：

2つのエッジを選択して、**半径1.5mm**で作成します。

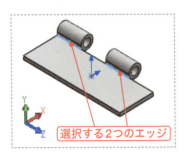
選択する2つのエッジ

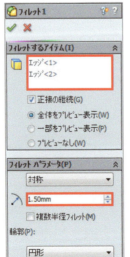

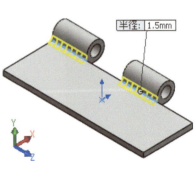
半径：1.5mm

284

6.1 ヒンジ（蝶番）のモデリング

❸ プレート本体部の穴作成

 スケッチ5

下図の面にスケッチ

[円]で、直径5mmの2つの円を入力します。寸法は右図に示すように入力します。

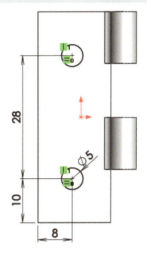

 押し出しカット

スケッチ5を**<全貫通>**で押し出しカットします。

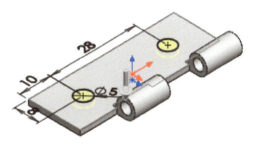

 面取り

カット-押し出し3の2つの円のエッジを選択して、**<角度 距離>**をチェックして、**距離1mm**、**角度45deg**で作成します。

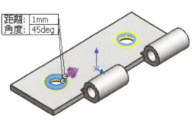

285

6.1.2 ピンのモデリング

ヒンジ（蝶番）のモデリング

ピンのモデルを作成します。クリアランスを考慮して、プレートより少し長く作成します。

● 完成イメージ

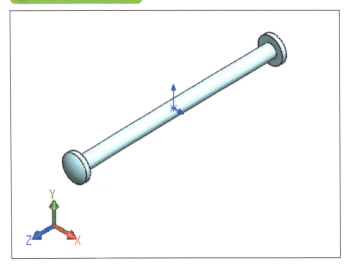

● モデリング手順

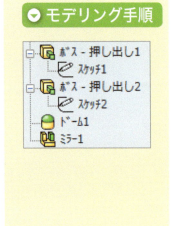

❶ 円筒部の形状作成

 スケッチ1

[正面] にスケッチ

[円]で、原点を中心にして、直径3mmで入力します。

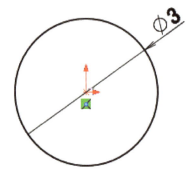

押し出しボス/ベース

スケッチ1を**<中間平面>**で距離**48.6mm**で**手前方向**に押し出します。

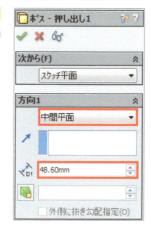

❷ ピンの両端の形状作成

 スケッチ2

下図の面にスケッチ

[円]で、**原点を中心**にして**直径6mm**で入力します。

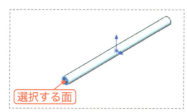
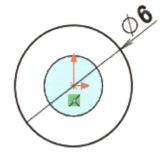

 押し出しボス/ベース

スケッチ2を**距離1mm**で**手前方向**に押し出します。

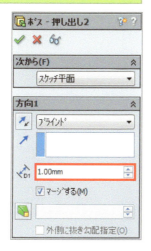
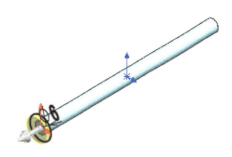

Chapter.6 加工を考慮したモデリング

ドーム

<ドーム化する面> に下図の面を選択して、**距離1mm** で作成します。

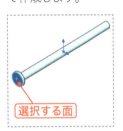

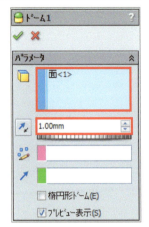

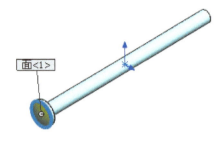

ミラー

<ミラー面> に正面を選択して、**ボス-押し出し2**と**ドーム1**をミラーコピーします。

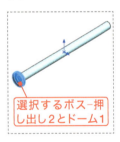

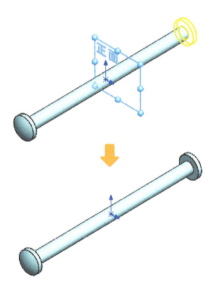

6.1.3 アセンブリ（合致）＆検証

ここでは、アセンブリファイルを開く操作説明、及び部品挿入の操作説明は省略します（P.148～参照）。

合致順序は、プレート<1>とプレート<2>の合致から始め、続いてプレートとピンを合致しています。

❶ プレート<1>とプレート<2>の合致

 合致

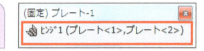

（1）プレートの**同心円選択**、**一致選択**、**角度選択**をそれぞれパネルに合わせて選択

最初に機械的な合致のヒンジをクリック。その後、合致設定の各項目を設定する

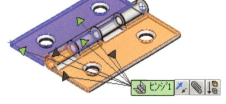

Chapter.6　加工を考慮したモデリング

❷ プレート <2> とピンの合致

 合致

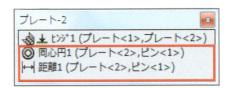

（1） プレート<2>の穴面（円筒面）と、ピンの円筒面を選択

（2） プレート<2>の手前面（側面）と、ピンの手前部の裏面を選択

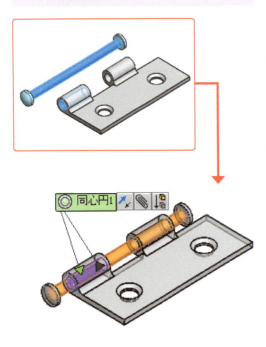

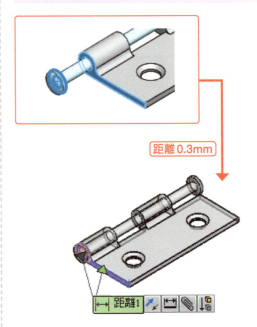

距離 0.3mm

参考　側面から見た状態

6.1 ヒンジ（蝶番）のモデリング

❸ 検証

[干渉確認]でヒンジを**開いた状態**、**閉じた状態**で干渉がないことを確認してください。ここでは、[クリアランス検証]により**隙間の状態**を確認した幾つかの例を紹介します。

実際に3Dプリンターを利用する場合は、装置の精度に適合するモデリングであるかも確認してください。

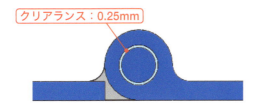
クリアランス検証

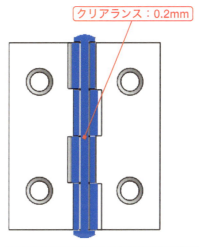

検証例1：プレート＜2＞とピンのクリアランス
ヒンジを開いた状態

検証例2：プレート＜1＞とプレート＜2＞のクリアランス
ヒンジを閉じた状態

注意

寸法の桁数が1桁になっていると、検証例1の場合では、0.3mmと表示されます。このときは、[オプション]の寸法桁数を変更してください。

291

Chapter.6 加工を考慮したモデリング

column STLデータの出力

3Dプリンターで出力するためにSTLデータで保存する手順を紹介します。

メニューからファイルの **[指定保存]** を選択後、以下の図中の番号に沿って各項目を指定してください。オプションのパラメータ指定は、パソコンの性能や3Dプリンターの精度によりコントロールしてください。

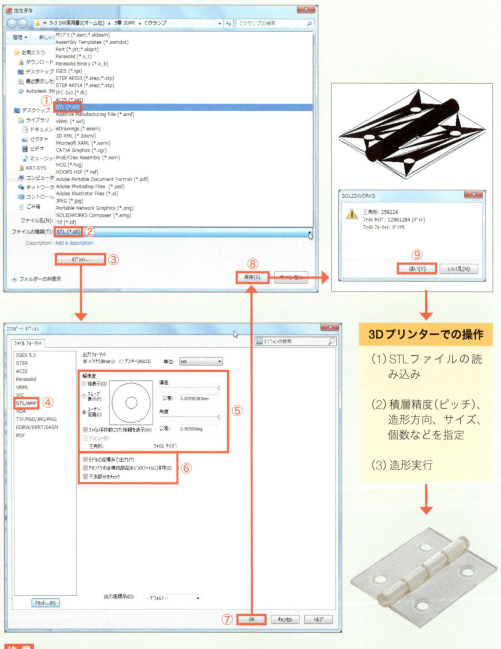

3Dプリンターでの操作

(1) STLファイルの読み込み

(2) 積層精度(ピッチ)、造形方向、サイズ、個数などを指定

(3) 造形実行

注意

⑤の解像度は、粗い状態にすると正しい出力ができない場合があります。
⑥の「アセンブリの全体部品を1つのファイルに保存」は、一体で出力する場合は必ずチェックしてください。

Chapter.6 加工を考慮したモデリング

6.2 板金カバーのモデリング

　機械製品には、筐体、フレーム、ガイドなどの部品に板金を利用するケースも多くあります。鉄やアルミなどを加工することになりますが、SOLIDWORKSでは板金に関するコマンドも準備されています。ここでは、**板金コマンド**を利用して、モデル作成及び展開（加工前の状態）について説明します。

> **参考** SOLIDWORKSでは、フレームなどのモデルを作成する溶接コマンドや、プラスチックなどのモデルを作成するモールドコマンドも準備されています。

●完成イメージ

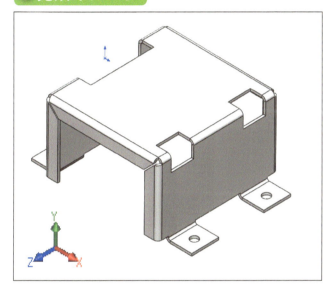

●展開した状態

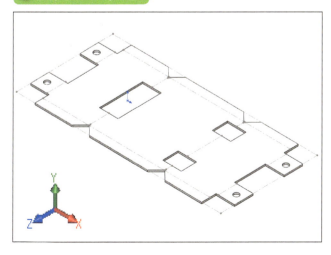

●モデリング手順

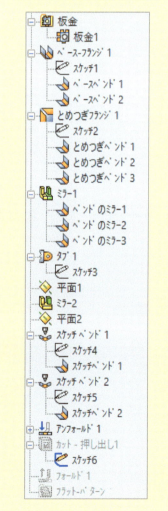

※実際の操作では、スケッチ1、2、3……といった順番にならず飛び番号になります。

293

Chapter.6 加工を考慮したモデリング

❶ ベース形状の作成

 スケッチ1

[正面]にスケッチ

[直線]で、コの字形状を入力します。次に、[幾何拘束]で左右の直線を<等しい値>にします。続けて、[スマート寸法]で距離50mmと長さ30mmの寸法を入力します。

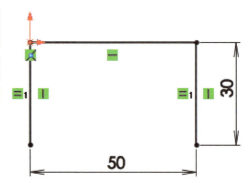

 ベースフランジ

メニュー：
[挿入]→[板金]→[ベースフランジ]

スケッチ1を、**厚み1mm**で**距離25mm手前方向**に押し出します。このとき、その他のパラメータは、下記のパネルに合わせてください。

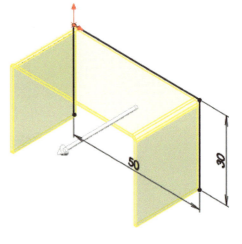

参考 ベースフランジ実行直後のデザインツリー

[ベースフランジ]を実行した直後は、板金とベースフランジが下図のように作成されます。

6.2 板金カバーのモデリング

❷ とめつぎフランジの作成

スケッチ2

下図の面にスケッチ

[**直線**]で、右図のように**長さ5mm**で入力します。

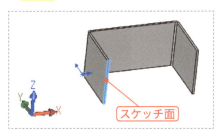
スケッチ面

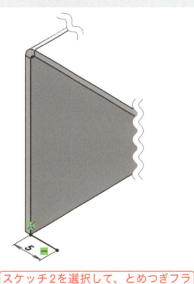

とめつぎフランジ

メニュー：
[**挿入**]→[**板金**]→[**とめつぎフランジ**]

スケッチ2を選択して、その**周囲のエッジ**を選択して、とめつぎフランジを作成します。

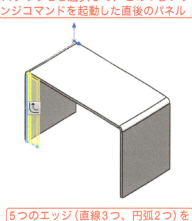
スケッチ2を選択して、とめつぎフランジコマンドを起動した直後のパネル

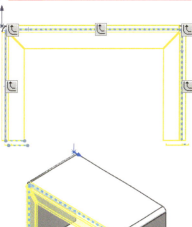
5つのエッジ（直線3つ、円弧2つ）を選択後のパネル

295

Chapter.6 加工を考慮したモデリング

❸ ベース、とめつぎのミラーコピー

ミラー

<ミラー面/平面>に下図に示す面を選択して、ミラーコピーするボディにとめつぎフランジ1をミラーコピーします。

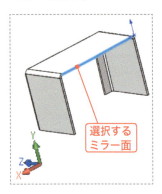
選択するミラー面

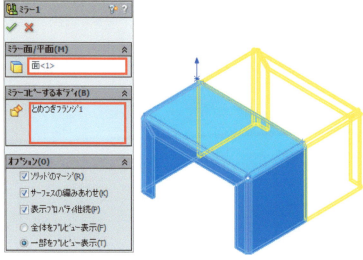

❹ タブの作成

スケッチ3

図のように、[中心線]と2つの[矩形]を入力します。その後、[スマート寸法]で中心線との距離や大きさ12mm×12mmの寸法などを入力します。原点と中心線は、鉛直にしてください。

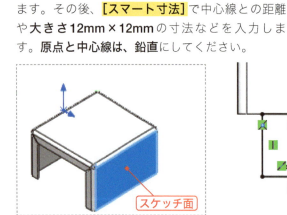
スケッチ面

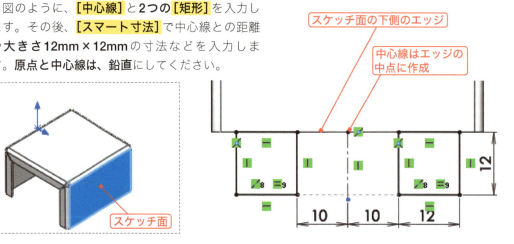
スケッチ面の下側のエッジ
中心線はエッジの中点に作成

296

6.2 板金カバーのモデリング

 ベースフランジ/タブ

メニュー：
[挿入]→[板金]→[ベースフランジ]

作成方向に注意して、スケッチ3を**厚み1mm**で作成します。

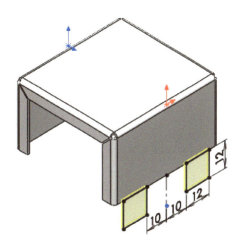

参考

タブは、作成のときと編集のときでパネル上部の表記が異なります。またデザインツリーのアイコンとも異なります。

▼パネル表示　　▼デザインツリー表示

作成のとき / 編集のとき

❺ タブコピーのための平面作成

 参照ジオメトリ/平面

<第1参照>に下図に示すように**エッジの中点**を選択します。同様に、**<第2参照>**、**<第3参照>**も**中点**を選択して新しい平面を作成します。

選択する1点目の
エッジの中点

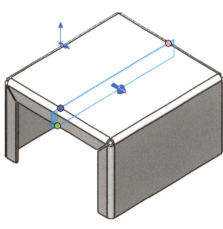

Chapter.6 加工を考慮したモデリング

❻ タブのミラーコピー

 ミラー

<ミラー面> に平面1を選択して、**タブ1**をミラーコピーします。

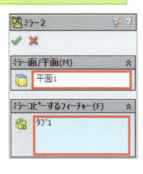

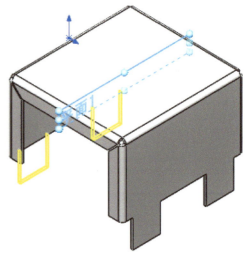

❼ ベンド作成用の平面作成

 参照ジオメトリ／平面

<第1参照> に下図のエッジを、**<第2参照>** に点を選択して、新しい平面を作成します。

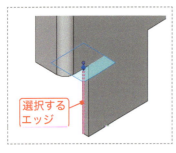

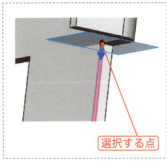

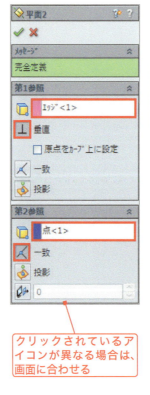

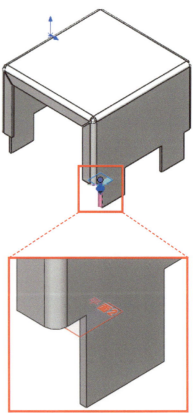

クリックされているアイコンが異なる場合は、画面に合わせる

6.2 板金カバーのモデリング

❽ ベンドの作成1

スケッチ4

下図の面にスケッチ

右図のように**直線**を入力します。

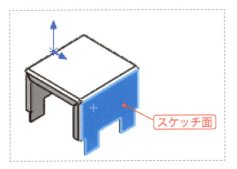

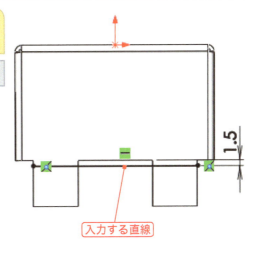

スケッチベンド

メニュー：
[挿入] → [板金] → [スケッチベンド]

固定面と**ベンド位置**（ベンド中心線）、**角度90deg**を入力して、ベンドを作成します。

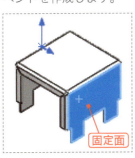

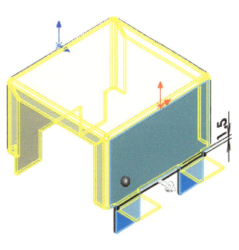

※バージョンにより、プレビュー表示がされない場合があります。

❾ ベンドの作成2

スケッチ5

右図の面にスケッチ

スケッチ4と同様、反対側の面にも**直線**を入力します（スケッチの図は省略します）。

Chapter.6　加工を考慮したモデリング

 スケッチベンド

メニュー：
[挿入]→[板金]→[スケッチベンド]

スケッチベンド1と同様、スケッチベンドを作成します。

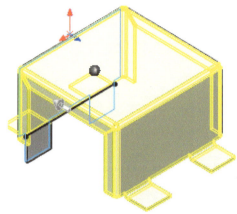

❿ 板金展開

 アンフォールド

メニュー：
[挿入]→[板金]→[アンフォールド]

固定面に下図の面を選択して、<全ベンドを集める>をクリックすると、アンフォールドするベンドを集めてくれます。実行すると、モデルが展開されます。

固定面

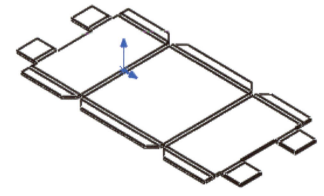

6.2 板金カバーのモデリング

⓫ 抜き形状の作成

📝 スケッチ6

下図の面にスケッチ

抜き形状を作成します。下図のように[矩形コーナー]で大きさ12mm×10mmを2つ、大きさ12mm×28mmを1つ入力します。また、[円]で直径3.5mmを4つ入力します。幾何拘束の表示はしていませんので、図の位置関係を参考に作成してください。

スケッチ面。同一平面上であれば、別部分をクリックしてもOK

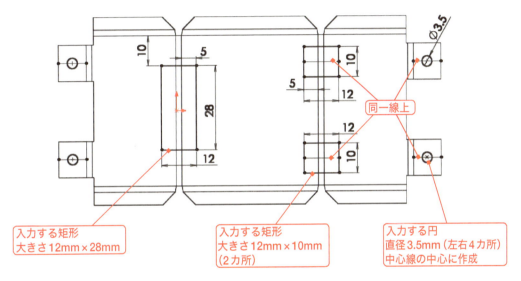

入力する矩形
大きさ12mm×28mm

入力する矩形
大きさ12mm×10mm
（2カ所）

入力する円
直径3.5mm（左右4カ所）
中心線の中心に作成

同一線上

🟩 押し出しカット

スケッチ6を、<全貫通>で**下方向**に押し出しカットします。

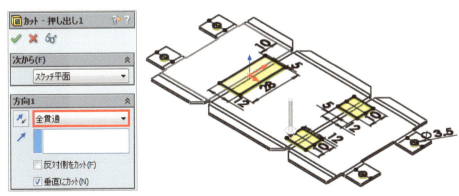

Chapter.6 加工を考慮したモデリング

⓬ ベンドした状態にする

 フォールド

メニュー：
[挿入]→[板金]→[フォールド]

<固定面> に下図の面を選択して、**<全ベンドを集める>** をクリックすると、フォールドするベンドを集めてくれます。実行すると、展開モデルが元の状態に戻ります。

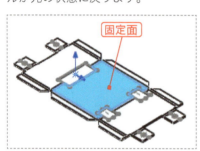

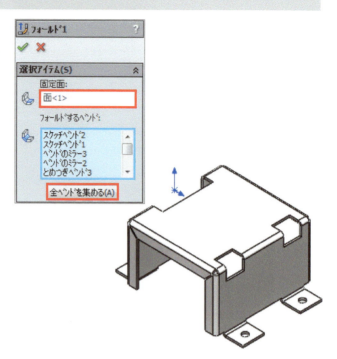

---

column 板金展開と加工

フィールドを抑制／抑制解除で切り替え、完成モデルと部品展開した状態を確認することができます。

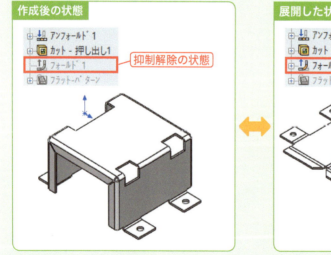

加工手順

1. 部品を展開した状態（フォールド1を抑制）にします。
2. 2次元図面（〜.SLDDRW）を作成して、ＤＸＦデータ（〜.DXF）で保存します。
3. 加工装置にデータを取り込み加工情報を付加します。
4. 加工機で実際の加工を行います（この場合はレーザー加工機）。
5. 曲げ（ベンダ）を行って完成させます（詳細は省略）。

Index 索引

数字・アルファベット

3Dスケッチ 38,108
3Dスケッチでの入力平面の切り替え ...38
3Dスケッチの座標系切り替え 108
3D寸法 11
BOM 7
eDrawing 12,155
FeatureManagerデザインツリー ...17,22
IGES 12
PDM 3
STEP 12
STL 11,292

あ

アイテムの表示/非表示 23
アセンブリ 7,16,148
アセンブリ操作 68
アセンブリのエラー 77
アセンブリファイルを開く 148
アセンブリフィーチャー 177
アセンブリモデル 7
厚み付け 66,127
穴ウィザード 59
アノテートアイテム 75
アンフォールド 300
一時的な軸 94
一致 43,71
移動 34
移動コピー 59
色設定 24
インターフェース 11,12
インデント 56
エッジによる合致 151
エラーが発生する原因 77
円 30
円形パターン 36,60,94
円弧 30,99
円弧の寸法 40
延長 34
鉛直 42
エンティティ 26
エンティティオフセット 33
エンティティの削除 32
エンティティの選択 32,33
エンティティ分割 34
エンティティ変換 37
円筒形状 47
円と円の距離寸法 41

円の寸法 40
押し出しカット 50,84
押し出しボス/ベース 48,81
オフセット 33
オフセット距離 137,146
オフセットサーフェス 64

か

外観検証 8
解析 10
回転 34
回転カット 50
回転ボス/ベース 48,169
角度 71
角度の寸法 40
加工 11
合致 70,148,150
合致の選択 151
合致の表示 151
カット 50
画面表示 23
環境設定 20
間隙チェック 9,72
干渉確認 9,72,148,154
干渉チェック 9,148
貫通 43,125
機械的な合致 70
幾何拘束 42,44
幾何拘束の表示 81
幾何拘束のマーク表示切り替え 27
起動 16
キネマティック解析 10
境界サーフェス 64
境界ボス/ベース 49,267
距離 71
距離計測 9
矩形 29
矩形のタイプ 81
駆動寸法 39
組み合わせ 57,114
クリアランス検証 9,148,155
形状 26,28,32
軽量化 119
交差 58,106
構成部品の回転・移動 149
構成部品の固定/非固定 69
構成部品の挿入 149,153
構成部品のパターン 153
構成部品の方向を移動・回転 69

拘束関係の追加 109
構造解析 10
交点 43
勾配 85
固定 43
コピー 35
コピー&ペースト 184
コンカレントエンジニアリング 2
コンテキスト 22

さ

サーフェス 63
サーフェス-押し出し 63,121
サーフェス-回転 63
サーフェスカット 101
サーフェス使用 51,101
サーフェスの編みあわせ 66,126
サーフェスモデリング 5
再構築 25
材料データベース 14
作業平面 18
参照ジオメトリ 62,97
参照ジオメトリ/座標系 62
参照ジオメトリ/軸 62
参照ジオメトリ/点 62
参照ジオメトリ/平面 62,97
システムオプション 20
シートフォーマット(図面枠) 73
シェル 54,94
質量特性 9,67,106
従動寸法 39
終了 17
詳細合致 70
状態変更 99
ショートカットキー 21
ジョグ線 34
新規ファイル 16
スイープ 49,100
スイープカット 51,130
スイープサーフェス 63
垂直 42,71
水平 42
スキップするインスタンス 36
スケール 54
スケール変換 35
スケッチ 18,26,28,44,81
スケッチエンティティ 28
スケッチする平面の選択 27
スケッチ修正 37

303

スケッチツール	32
スケッチのアイコン	88
スケッチのエラー	77
スケッチの削除	27
スケッチの修正	27
スケッチの表示/非表示	248
スケッチ平面の修正	27
スケッチベンド	299
ストレート	29
スプライン	31
スマート寸法	39, 81
図面	6, 16
図面枠	73
図面規格	73
図面作成	11, 73
図面ビュー	74
スロット	29, 191
寸法	19, 39
寸法のオプションパラメータ	74
寸法引出線	99
正接	42, 71, 84
製品ライフサイクル	3
設計	4
ゼブラストライプ表示	8
相互リンク	6
操作エラー	77
測定	9, 67
ソリッドモデリング	5

た

対称	43
体積	106
ダイレクトインターフェース	12
楕円	30
楕円弧	30
楕円の拘束	121
多角形	30
タブ	296, 297
単位	19
断面特性	67
チェーン選択	137, 146
中間ファイル	12
中点	43
重複定義	39
直線	29
直線の寸法	40
直線パターン	36, 60, 116
データ出力	11
テキスト	31
デザイン検証	8
デザインツリーから編集	25
点	31
同一円弧	42
同一線上	42
等角投影	17
等間隔	36
同心円	42, 71
ドキュメントプロパティ	20
ドーム	55, 261
トップダウンアセンブリ	7
とめつぎフランジ	295
トライアド操作	25
ドラッグによる変形	49
トリム	34, 92
トレランス	12

な

抜き勾配	53, 85
ねじりハンドルドラッグ	98
ノンヒストリー系CAD	5

は

背景シーンの適用	24
パターン/ミラー	60
パラメータの活用	85
パラメトリックモデリング	5
板金	13, 293
板金展開	302
ヒストリー系CAD	5
等しい値	43
ビューワー	12
評価	67
表示スタイル	23
表示方向	23
標準合致	70
ファイル形式	16
フィーチャー	18, 46, 47, 51
フィーチャーベース	5
フィルサーフェス	65
フィルパターン	61
フィレット	33, 52, 83
フィレットタイプ	83
フォールド	302
フォント選択	31
部品	6, 16
部品取り付け	8
部品表	7
部品分割	58
フレックス	56
ブロック形状	46
フロントローディング	2
分解	72
平行	42, 71
平坦なサーフェス	64, 122
ベースフランジ	294
ヘッズアップビューツールバー	23
ヘリカル/スパイラル	129
変形	55
放射状サーフェス	65
補助線	31
ボス/ベースフィーチャー	48
ボディ削除/保存	59
ボトムアップアセンブリ	7

ま

マージ	43, 82
マウスボタン	21
ミラー	35, 61, 111
面積算出	9
面取り	33, 53, 164
モーション	10
モーションスタディ	188
モールド	13
モデリング	5, 18
モデルから編集	25
モデル作成	18
モデルのエラー	77
モデルの作成	46

や

溶接	13

ら

ラップ	57
リブ	54
流体解析	10
輪郭	49
輪郭選択	88, 99
ルールドサーフェス	65
レイアウト表示	75
レンダリング	8, 131
ロールバックバー	22
ロフト	49, 98
ロフトカット	51
ロフト形状	98, 99
ロフトサーフェス	64, 124

〈著者略歴〉

木村　昇（きむら　のぼる）

　1983年東京電機大学理工学部経営工学科卒業後、沖電気工業株式会社に入社。主に、CAD／CAM／CAE関連の仕事に従事。2010年にキーライズテクノとして独立。設計・教育支援・IT関連で活動、現在に至る。3次元CADの講師経験も豊富で、専門学校や群馬県の工業高校を中心に、多数の講座を担当している。著書には『はじめての3次元CAD Solidworksの基礎』（共立出版）がある。

［3次元CADに関する主な活動内容］
・企業や教育機関などで講師、セミナー、講演会などを実施
・企業のCADコンサルティング、請負設計、企業向けマニュアル制作
・企業、教育機関からの依頼による3Dプリンター出力、加工機による製作

- 本書の内容に関する質問は，オーム社ホームページの「サポート」から，「お問合せ」の「書籍に関するお問合せ」をご参照いただくか，または書状にてオーム社編集局宛にお願いします．お受けできる質問は本書で紹介した内容に限らせていただきます．なお，電話での質問にはお答えできませんので，あらかじめご了承ください．
- 万一，落丁・乱丁の場合は，送料当社負担でお取替えいたします．当社販売課宛にお送りください．
- 本書の一部の複写複製を希望される場合は，本書扉裏を参照してください．

JCOPY ＜出版者著作権管理機構 委託出版物＞

設計力が身につく
SOLIDWORKS基礎講座

2016年10月21日　第1版第1刷発行
2024年 9月10日　第1版第7刷発行

著　者　木村　昇
発行者　村上和夫
発行所　株式会社オーム社
　　　　郵便番号　101-8460
　　　　東京都千代田区神田錦町3-1
　　　　電話　03(3233)0641（代表）
　　　　URL　https://www.ohmsha.co.jp/

© 木村昇 2016

組版　BUCH⁺　印刷・製本　デジタルパブリッシングサービス
ISBN978-4-274-50560-7　Printed in Japan